KB237099

CSILE에서 탐구과정 지원방식의 효과

CSILE에서 탐구과정 지원방식의 효과

김 지 일

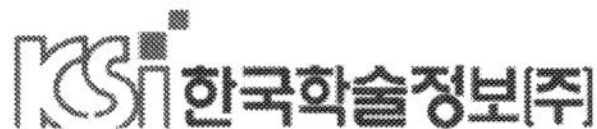

차 례

Ⅰ. 서 론_9

1. 연구의 필요성 및 목적 ·· 10
2. 연구문제 및 가설 ·· 18
3. 용어의 정의 ·· 20

Ⅱ. 이론적 배경_25

1. 과학교과에서의 탐구과정 ·· 26
  1) 탐구과정의 개념 ·· 26
  2) 탐구과정의 요소 ·· 27
  3) 탐구과정에 대한 선행연구 분석 ·· 38
2. CSILE에서의 탐구과정 ··· 44
  1) CSILE의 개념 및 특징 ··· 44
  2) CSILE의 탐구과정 지원의 특징 ·· 47
  3) CSILE의 탐구과정 지원에 대한 선행연구 분석 ·············· 50

Ⅲ. 연구 방법 및 절차_59

1. 연구대상 ·· 60
  1) 연구대상 선정 ·· 60
  2) 집단의 동질성 검증 ·· 60
2. 연구방법 ·· 62
  1) 통합연구 설계 ·· 64
  2) 실험연구 설계 ·· 68
  3) 질적 연구 설계 ·· 68

3. 연구 절차 ··· 72

4. 연구 분석의 틀 ·· 75

  1) CSILE 프로그램 ·· 75

  2) 검 사 ·· 101

5. 자료의 수집 및 처리 ·· 134

IV. 결과 및 해석_137

1. CSILE의 탐구과정 지원방식에 따른
  학습자 개인의 탐구결과 분석 ························· 138

  1) CSILE의 탐구과정 지원방식이
    탐구력에 미치는 영향 ······························· 139

  2) CSILE의 탐구과정 지원방식이
    과학적 지식의 이해에 미치는 효과 ··············· 141

  3) CSILE의 탐구과정 지원방식이
    과학적 소양의 습득에 미치는 효과 ··············· 144

2. CSILE의 탐구과정 지원방식에 따른
  집단의 탐구상황 분석 ································· 147

  1) 탐구과정 지원방식과 탐구상황과의 관계 검증 결과 ······ 147

  2) 탐구과정 지원방식별 탐구상황 메시지 점수의
    차이 검증 결과 ····································· 148

  3) 집단별 탐구상황 메시지 유형 간의
    상관관계 분석 결과 ································· 153

3. CSILE의 탐구과정 지원방식에 따른 집단의 탐구모형 분석 ··· 157
  1) 개념의 범주화 ··· 158
  2) 근거이론의 패러다임에 따른 범주 및 분석 결과 ··········· 166
  3) 자료의 가설적 정형화와 관계 진술 ·························· 171
  4) 가설적 관계 개요(story line) ································· 178
  5) 유형 분석 ·· 182

V. 논의 및 결론_189

1. 논 의 ··· 190
  1) 탐구과정의 지원방식과 탐구력 ······························· 191
  2) 탐구과정의 지원방식과 과학적 지식의 이해 ·············· 192
  3) 탐구과정 지원방식과 과학적 소양의 습득 ················· 194
  4) 탐구과정의 지원방식과 집단의 탐구상황 ·················· 196
  5) 탐구과정 지원방식과 집단의 탐구모형 ···················· 200
2. 결 론 ··· 203

VI. 요약 및 제언_207

1. 요 약 ··· 208
2. 제 언 ··· 213

VII. 참고문헌_217

VIII. 부 록_225

I

서 론

1. 연구의 필요성 및 목적

CSILE(Computer Supported Intentional Learning Environment)는 학습자들의 협력적 지식구축을 지원하는 시스템이다. 학습자들은 CSILE에서 개인의 학습결과를 검증받고 토론을 통해 공공의 지식을 구축한다. 협력적 지식구축은 단순히 협력의 결과물을 산출하는 과정만이 아니라 학습자들이 동일한 이해 수준을 얻는 과정이다 (Scardamalia & Bereiter, 1991; 1993; 1994; 1996). 이는 개인이 이해한 바를 모든 참여자가 공유하고 서로의 이해를 증진하는 상호 의존적 탐구과정을 의미한다. CSILE에서 개인이 이해한 지식은 다른 학습자들에 의해 교정되고, 이 과정에서 학습자들 전체의 이해 수준이 향상된다. CSILE는 이러한 목적을 위해 Scardamalia와 동료들에 의해 개발된 컴퓨터 지원 협력학습의 환경이다. 이들은 전통적인 전달 방식의 교실 수업에 반대하고 학습자에게 연구자의 자세로 지식을 탐구하는 경험을 제공하고자 하였다(Oshima & Oshima, 2002). 학습자들은 CSILE를 통해 자신이 생각한 바를 텍스트 또는 그래픽으로 외현화할 수 있으며, 이를 협력적인 학술활동을 통해 성찰하고

서로의 이해를 증진시킬 수 있다.

CSILE를 실제 수업에서 활용하는 경우, 과학이나 사회, 지리나 역사 과목의 탐구학습을 지원하는 경우가 많았다. 특히 그중에서 CSILE를 활용한 대부분의 실험연구가 과학교과를 학습내용으로 하였다(Scardamalia & Bereiter, 1991). 이러한 경향은 1970년대 과학교육의 도약기를 거치며 과학과 탐구학습에 대한 논의가 과학적 탐구의 본질이나 과정에 대해 집중되면서 활발해졌다. 과학자의 지식을 그대로 전달하려고 했던 기존의 객관주의 패러다임에 반발하여 비롯된 것이다(Roth, 1994; Scardamalia & Bereiter, 1994). 특히 구성주의의 출현으로 학습자 자신이 연구문제를 고안하고 개방적인 탐구활동을 수행할 수 있는 환경의 필요성이 제기되었다. CSILE는 학습자들에게 이러한 개방적인 탐구 환경을 제공할 수 있다고 기대되었으며, 다양한 연구를 통해 과학과의 협력적 탐구활동을 위한 최적의 학습 환경으로 평가되었다(Scardamalia & Bereiter, 1991; 1994).

탐구활동을 과학과에서는 탐구과정이라고 부르며, 탐구과정은 세분화된 하위 탐구요소로 구성된다(교육인적자원부, 2002). 현재의 7차 교육과정에서는 탐구에 기초가 되는 초보적인 기능을 중심으로 관찰, 분류, 측정, 예상, 추리 등을 기초탐구과정으로 규정하고, 문제 인식, 가설 설정, 변인 통제, 자료 변환, 자료 해석, 결론 도출, 일반화의 탐구요소 등을 고차원의 통합탐구과정으로 정의한다.

기존의 CSILE가 하이퍼미디어 학습 환경이기 때문에 탐구과정을 지원하는 방식은 크게 다섯 가지 정도로 구분할 수 있다. (Bereiter, Scardamalia, Cassells, & Hewitt, 1997; Burtis, 1997; Burtis & Brett, 1993; Carr, Hewitt, Scardamalia, & Reznick, 2002; Cohen,

1995; Hakkarainen, Lipponen, & Järvelä, 2002; Hewitt, 2002; Hewitt, Scardamalia, & Webb, 1998; Lamon, Chan, Scardamalia, Lamon, Reeve, & Scardamalia, 2001; Oshima & Oshima, 2002). 첫째, 하이퍼미디어의 노드 생성이나 링크 지정의 기능을 통해 토론의 흐름이나 구조를 볼 수 있어 탐구과정에서의 토론을 촉진한다. 둘째, 데이터베이스의 저장을 노드나 링크의 연결 목적에 따라 구조화할 수 있어 정교화된 지식구축을 돕는다. 셋째 노드와 링크를 통해 학습자들의 정신적 모형(mental model)을 외현화할 수 있어 외적 표상을 지원한다. 넷째, 하나의 노드에 대한 공동저술을 지원하여 학습자들이 협력적 사고를 하도록 돕는다. 다섯째, 태그의 작성을 의무화하여 학습자가 자신의 인지적 활동에 대한 목표를 명확히 하도록 하는 성찰을 촉진한다. 여기서 태그란 학습자들이 이론을 구축하는 데 자신의 생각을 말하고자 하는 것인지, 다른 자료를 인용하는 것인지, 동의하는 것인지, 반대하는 것인지 의도를 명시할 수 있도록 자신의 글에 꼬리표를 다는 것이다. 이를 보면서 학습자는 다른 학습자의 의견이 어떤 목적으로 진행되는지 파악할 수 있고, 스스로도 그 목적에 맞게 의견을 피력할 수 있다(Hewitt, 2002). 앞선 네 가지의 탐구과정 지원방식이 하이퍼미디어의 속성에 관련된 것이라면 태그에 관한 특징은 의도적 학습(intentional learning)에 관련된다.

CSILE가 탐구과정을 지원하는 sense maker(Bell, 2002) 등의 하이퍼미디어와 차별화되는 특징은 이처럼 의도적 학습에 근거한다는 점이다. 의도적 학습은 우연적 학습(incidental learning)에 반대되는 개념으로, 학습자들이 인지적 목표를 달성하기 위해 애쓰지 않으면 학습은 발생하지 않는다는 가정에 기초한다. 의도적 학습이 이루어지기 위해 학습자들은 자신이 도달해야 하는 인지적 목표를 설정하고, 이에 맞는 사고활동을 통해서 이해를 증진해야 한다(Scardamalia & Bereiter, 1994).

그러나 기존의 CSILE가 과학교과의 탐구과정을 지원하는 방식은 의도적 학습의 관점에서 다음과 같은 문제가 있다. 첫째, 지금까지 CSILE의 탐구과정 지원이란 단순히 발전적인 토론을 안내하는 것에 불과하였다. 이는 토론의 구조를 가시화할 수 있는 CSILE의 장점을 강조하다 보니, 어떻게 하면 토론의 방법과 절차를 효과적으로 안내할지에 관심을 기울인 결과이다(Bereiter et al. 1997; Carr et al. 2002). 둘째, 이론의 구축을 지원하면서 학문적인 논리의 전개 방식만을 강조하다 보니, 과학과 탐구과정 본연의 활동이 부족하였다(Hakkarainen, 2002; Lamon et al., 2001). 과학과의 탐구과정은 나름대로의 계열성을 가지며 각 요소가 유기적으로 조직되어 있다. 과학과 탐구학습을 지원하려면 이러한 과학과 본연의 탐구과정이 준거가 되어야 하지만, 보편적인 학술활동의 절차가 그 준거가 되었던 것이다. 탐구과정의 목적은 학습자의 탐구능력을 신장하는 것이다. CSILE의 탐구과정 지원은 배양하고자 하는 탐구능력을 중심으로 지금 어떤 목표의 탐구과정을 수행하고 있는지를 학습자에게 알려줄 필요가 있다. 본 연구는 이러한 문제의식에서부터 출발하여, CSILE가 지원해야 하는 과학과 탐구과정이란 무엇인지 그 개념과 속성을 밝히는 이론적인 고찰을 하였다.

현대의 과학교육은 개념 획득을 목표로 하는 '내용 중심의 교육과정'이나 개별적인 기능의 획득에 치우쳐 왔던 '과정 중심의 교육과정'을 모두 반대한다(Gott & Duggan, 1994). 과거의 과학교육은 진정한 탐구활동보다 탐구과정에 필요한 기능을 전달하는 데 그치는 경우가 많았다. 그러나 최근의 과학교육은 학생들이 과학자들처럼 연구하도록 가르치는 것에 초점을 둔다. 이에 대해 대부분의 과학자들은 과학적 탐구 능력을 계발하는 데는 과학을 연구하는 상황이 중요하다고 지적한다(White & Fredericksen, 1998). 과학을 연구하는 상황이란 과학자가 현장에서 수행하는 실제적 탐구과정을 의미한다. CSILE가 의도적 학습의 원리에 충실하고자 한다면 이러한 과학자의 실제적인 탐구과정을 안내해야 한다. 그러기 위해서는 학습자가 현재 진행하고 있는 탐구과정에 대한 목표와 활동의 의미를 알려주는 노력이 필요하다. 특히 이러한 노력을 구체화하기 위해 어떠한 방법으로 탐구과정을 안내하는 것이 효과적일지에 대한 논의가 있어야 할 것이다.

어떠한 방법으로 과학적 탐구과정을 안내해야 하는가는 본 연구자의 선행연구(김동식, 김지일, 2003)를 통해 단서를 찾을 수 있다. 본 연구자는 선행연구를 통해 CSILE에서 학습자들의 협력학습 상황을 분석하였다. 연구결과 학습자들의 개인적 이해 수준의 차이에 따라 CSILE에서 협력학습의 양상이 달라진다는 결론을 얻을 수 있었다. 학습자들이 동일한 이해 수준에 이르기까지 개인의 학습양식이나 성격유형에 따라 협력학습의 양상은 상이했지만, 동일한 이해 수준에 도달한 후에 개인의 학습양식이나 성격유형은 협력학습에 별다른 영향을 주지 못하였다. 결국 CSILE에서는 개인의 학습양식이나 성격유형보다 공동의 이해 수준이 협력학습에 더 큰 영향을 준 것이다. 이 결과가 시사하는 것은 학습자들 개인의 이해 수준이 다르기 때문에 각기 다른 탐구활동을 한다는 것이다. 개념이 부족한 학습자는 문제해결이라는 목표에 충실하기보다, 부족한 개념을 이해하는 데 관심이 있다. 이처럼 학습자들이 서로 다른 목표를 추구하기 때문에 지식의 구축 과정은 지연되고 협력 작업에 소홀할 수밖에 없었던 것이다. 그러나 높은 공동의 이해 수준에 도달한 후에는 고차원의 학습목표에 대한 협력학습이 촉진되었다.

선행연구를 통해 알 수 있듯이 CSILE가 의도적 학습의 원리에 맞게 탐구과정을 지원하려면 동일한 수준의 학습목표에 집단이 협력하도록 학습자를 안내할 필요가 있다. 결국 처음부터 무리하게 고차원의 탐구과정을 고집한다면 학습자들은 혼란을 겪게 될 것이므로 CSILE는 탐구과정의 수준별 학습이 가능하도록 지원해야 한다. 탐구과정의 수준별 학습에 대한 논의는 과거에 Hills(1970)의 연구를 통해 그 필요성이 강조된 바 있다. Hills는 탐구과정에도 인지적 위계가 존재한다고 생각하고 탐구과정의 수준을 9단계로 구분하였다. 그는 각 수준의 탐구과정은 낮은 단계에서 높은 단계까지의 위계가 있는데, 하위 수준에 존재하는 낮은 단계의 탐구과정을 선행해야 높은 단계의 탐구과정을 수행할 수 있다고 주장하였다. 현재의 7차 교육과정도 과학과 탐구과정의 수준을 저차원과 고차원의 단계로 이분하고 구체적인 활동을 명시하고 있다. 그렇다면 CSILE가 과연 어떤 수준의 탐구과정을 지원하는 것이 바람직할지 먼저 살펴볼 필요가 있다.

CSILE에 적합한 탐구과정의 수준을 논의하는데, Hewitt(2002)와 Collins(2002)의 논쟁이 시사점을 제공한다. Hewitt는 기존의 CSILE에서의 학습활동이 어려운 과제 중심으로 이루어졌기 때문에 학습자들이 학습내용의 본질적인 이해를 추구하기보다, 단지 과제를 완수하기 위해 CSILE에서 협력을 한다고 보았다. 그는 CSILE가 학습내용의 이해라는 본연의 목적을 지원하지 못하고, 단순히 과제 수행의 도구로 사용되었다고 문제를 제기하였다. 그의 주장은 CSILE에서 학습을 지원하는 경우, 개념의 이해와 같은 본질적인 학습활동에 중점을 두어야 한다는 것이다. 이에 대해 Collins는 학습목표의 수준을 낮추는 것보다 과제의 성격이 얼마나 실제적이냐가 인지적 이해를 촉진한다고 주장하였다. 그는 과제 수행을 문제해결의 과정으로 규정하고, CSILE는 전문가의 인지적 안내와 교수설계자의 명확한 과제분석을 기반으로 학습자들이 진보적 문제해결 학습을 하도록 지원해야 한다고 생각하였다. 이는 CSILE에서의 학습이 과제 수행이라는 고차원의 목표를 추구하되, 인지적 도제이론이 말하는 것처럼 전문가의 스캐폴딩을 제공해 궁극적으로 더 높은 수준의 인지적 발달을 도모해야 한다는 생각이다. Hewitt는 CSILE가 기본적인 이해 중심의 학습을 지원하도록 설계되어야 한다고 강조한 것이고, Collins는 CSILE가 고차원의 문제해결 학습을 지원할 때보다 발전된 학습결과를 얻을 수 있다고 주장한 것이다. 두 사람의 논쟁은 본 연구자에게 CSILE가 과연 어느 수준의 탐구과정을 지원하는 것에 더욱 효과적일지 의문을 갖게 하였다.

본 연구는 탐구과정을 CSILE에 적용하는 전제 조건으로, CSILE가 어느 수준의 탐구과정을 지원하는 것이 효과적인지 밝히는 것을 목적으로 한다. 이러한 연구목적에 따라 과학과 탐구과정의 요소를 분석하였으며 이를 현재의 7차 교육과정에 맞추어 저차원과 고차원의 탐구과정으로 구분하였다. 실험용으로 개발한 CSILE는 이론적인 배경을 토대로 과학적 탐구과정의 본질을 안내하며, 학습자들이 과학자의 입장에서 탐구과정을 수행하도록 교수설계를 하였다. 탐구과정에 대한 탐색을 통해 개발한 저차원과 고차원의 탐구과정을 지원하는 CSILE가 본 연구의 독립변인이며, 어느 수준의 탐구과정을 지원하는 것이 학습효과에 유의미한 영향을 주는지 검증하고자 하였다. 독립변인으로서의 CSILE는 탐구과정의 지원방식에 따라 세 가지 유형으로 구분하였다. 이들은 각각 'CSILE가 저차원의 탐구과정을 지원하는 경우'(CSILE Supported Basic Inquiry Process: CSBIP), 'CSILE가 고차원의 통합적 탐구과정을 지원하는 경우'(CSILE Supported Integrated Inquiry Process: CSIIP), 'CSILE가 고차원과 저차원의 탐구과정을 모두 지원하는 경우'(CSILE Supported All Inquiry Process: CSAIP)[1] 이다. 세 번째 변인과 관련하여, 만약 연구를 통해 탐구과정을 구분하지 않고 지원하는 CSAIP의 학습효과가 높았다면 탐구과정의 수준별 지원이 유의미하지 않다는 결과를 얻게 될 것이다.

　요약하면 이전의 연구(Bereiter et al. 1997; Carr et al. 2002; Hakkarainen, 2002; Lamon et al., 2001)들이 지적했던 대로 기존의 CSILE는 보편적인 지식구축의 방법을 강조하다 보니 과학적 탐구과정의 본질을 안내하는 데 미흡하였다. 본 연구는 이러한 문제를 해결하기 위해 과학적 탐구과정의 본질이란 무엇인지 먼저 살피고, 탐구과정의 본질에 맞는 CSILE를 설계한 다음 그 학습효과를 살피고자 하였다. 탐구과정을 CSILE에 담기 위해서는 탐구과정의 수준을 고려해야만 하며 선행연구를 통해 그 필요성을 찾을 수 있었다. 결국 본 연구의 목적은 첫째, 탐구과정의 개념과 속성을 규명하고, CSILE

---

1) 이후 세 가지 환경을 CSBIP, CSIIP, CSAIP의 약어로 설명하는 데 의미 파악의 어려움이 있으므로 각각을 CSBIP(기초), CSIIP(통합), CSAIP(전체)로 명시하기로 한다.

에서 바람직한 과학적 탐구과정의 지원방식을 제시하는 것이다. 둘째, 탐구과정의 수준을 고려한 지원방식이 CSILE에서의 학습에 어떤 영향을 미치는지 밝히는 것이다. 이러한 연구는 CSILE의 속성을 과목 특성에 맞게 적용하기 위한 실증적인 대안을 제시하므로, 다양한 영역의 지식구축 환경을 CSILE에서 구현하려는 연구자들에게 의미 있는 지침이 될 것이다.

2. 연구문제 및 가설

본 연구는 과학적 탐구과정의 본질을 안내할 수 있는 CSILE의 설계에 관심을 두었다. 이를 위해 과학과 탐구과정의 본질을 이론적으로 고찰하였으며, 그 결과를 실험용 CSILE에 적용하였다. CSILE의 탐구과정 지원방식은 탐구과정 요소의 수준에 따라 세 가지 지원방식으로 구분하였다. 이 세 가지 지원방식은 각각 저차원 혹은 고차원[2]의 탐구과정을 지원하는 경우와 두 개의 차원을 모두 지원하는 경우이다. 탐구과정의 수준별 지원이 가능하도록 설계한 각각의 CSILE가 학습자들의 탐구과정이나 결과에 어떤 영향을 미치는지 분석해보았다. 이러한 연구는 CSILE가 어느 수준의 탐구과정을 지원하는 것에 더욱 효과적인지 실증적 근거를 제공하게 될 것이다. 본

---

2) 7차 교육과정은 저차원의 탐구과정을 기초탐구과정으로, 고차원의 탐구과정을 통합탐구과정으로 명시한다. 본 연구에서는 기초탐구과정의 수준을 강조하기 위해 저차원이라는 속성을 기초라는 용어 대신 사용하기도 한다. 또한 고차원의 탐구과정은 통합탐구과정을 명시하는 것이다.

연구에서 설정한 연구문제 및 가설은 다음과 같다.

[연구문제 1] CSILE의 탐구과정 지원방식(기초탐구과정 지원, 통합탐구과정 지원, 전체 탐구과정 지원)은 학습자들의 탐구결과에 어떠한 영향을 미치는가?

〈연구가설 1-1〉 CSILE의 탐구과정 지원방식에 따라 학습자들의 탐구력에 유의미한 차이가 있을 것이다.

〈연구가설 1-2〉 CSILE의 탐구과정 지원방식에 따라 학습자들의 과학적 지식의 이해에서 유의미한 차이가 있을 것이다.

〈연구가설 1-3〉 CSILE의 탐구과정 지원방식에 따라 학습자들의 과학적 소양의 습득에서 유의미한 차이가 있을 것이다.

[연구문제 2] CSILE의 탐구과정 지원방식(기초탐구과정 지원, 통합탐구과정 지원, 전체 탐구과정 지원)은 집단의 탐구상황에 어떠한 영향을 미치는가?

〈연구가설 2〉 CSILE의 탐구과정 지원방식에 따라 집단의 탐구상황에 유의미한 차이가 있을 것이다.

[연구문제 3] CSILE의 탐구과정 지원방식(기초탐구과정 지원, 통합탐구과정 지원, 전체 탐구과정 지원)은 집단의 탐구모형에 어떠한 영향을 미치는가?

〈연구가설 3〉 CSILE의 탐구과정 지원방식에 따라 집단의 탐구모형에 유의미한 차이가 있을 것이다.

3. 용어의 정의

■ 의도적 학습(intentional learning)

의도적 학습은 우연적 학습에 반대되는 개념으로 학습자가 자신의 인지적 목표에 대한 인식을 바탕으로 학습을 진행하면서 학습결과를 성취하는 과정이다. 학습은 우연히 일어나는 과정이 아니며 학습자들의 의도적인 목적의식을 통해 이루어진다. 이를 위해서는 개인이 학습목표를 스스로 명세화해야 하며, 자신의 학습 상태에 대한 기본적인 이해를 해야 한다.

■ 탐구과정 지원방식(inquiry process supporting methods)

일반적으로 탐구과정이란 기존의 지식과 과학적 방법을 활용하여 새로운 지식을 쌓아 가는 활동이다. 주어진 문제를 해결하기 위해 필요한 과학적 활동이며 과학적 사고력을 키우기 위한 활동이다. 지식을 이해하고, 관찰하고, 측정하고, 문제를 발견하며, 데이터를 해석하며, 해석의 결과를 일반화하는 과정이 포함된다. 이를 지원하는 방법은 학습자들을 과학적 탐구 절차에 따라 학습하도록 안내하는 것이다. 이때 어떤 기준에 의해 탐구과정을 지원하는가가 중요하다. 본 연구는 탐구과정에 대해 수준별로 각각의 활동의 목표와 의미를 안내하는 것을 탐구과정의 지원방식으로 규정하였다.

■ 기초탐구과정 지원(basic inquiry process support)

기초탐구과정은 탐구과정의 수준을 구분했을 때 하위에 속하는 탐구활동으로 관련 지식과 감각을 이용하여 정보를 얻는 관찰, 관찰된 결과를 수량화하는 측정, 나중에 일어날 결과를 규칙성을 통해 미리 짐작하는 예상, 사실 뒤에 숨은 사실을 지각하는 추리 등이 있다. 기초탐구과정을 지원한다는 것은 학습자들이 이러한 일련의 단계를 명확히 파악하고 그 의미에 맞게 활동하도록 돕는 것이다. 단 연구 중 기초탐구과정을 저차원의 탐구과정으로 설명하기도 한다. 기초탐구과정이 통합탐구과정에 비해 저차원의 탐구과정에 해당한다는 의미를 강조하기 위해서이다.

■ **통합탐구과정 지원**(integrated inquiry process support)

통합탐구과정은 탐구과정의 수준을 구분했을 때 상위 수준에 속하는 탐구활동으로 문제를 발견하고, 가설을 설정하며, 독립변인 이외의 요인을 제거하고, 자료를 변환하거나 해석하는 것, 결론을 이끌어 내고 문제의 해답을 얻는 활동, 검증된 사례로부터 포괄적인 의미를 이끌어 내는 일반화의 과정 등이 있다. 통합탐구과정을 지원한다는 것은 학습자들이 이러한 일련의 단계를 명확히 파악하고 그 의미에 맞게 활동하도록 돕는 것이다. 단 연구 중 통합탐구과정을 고차원의 탐구과정으로 설명하기도 한다. 통합탐구과정이 기초탐구과정에 비해 고차원의 탐구과정에 해당한다는 속성을 강조하기 위해서이다.

■ **과학적 지식의 이해**(substantive understanding)

과학적 지식은 과학의 현상이나 이론을 설명하는 사실, 개념, 원리를 의미한다. 과학적 지식의 이해는 과학적인 방법을 통해 개념을 확장하면서 관련된 정보와의 관계를 이해했는가가 중요하다. 과학적 지식을 이해하였다는 것은 단순히 개념을 설명할 수 있는 것이 아니라 개념과 개념 사이의 관계를 과학적 견지에서 해석할 수 있는가로 평가할 수 있다.

■ 과학적 소양의 습득(syntactic understanding)[3]

과학적 소양은 과학자들이 갖추어야 할 연구자의 특성과 기능, 태도를 의미한다. 과학적 소양의 습득 여부는 학습자들이 과학적 지식을 인지하고 과학자의 특성대로 추론하여 이론을 만들어 갈 수 있는가로 평가할 수 있다. 과학적 소양의 습득은 학습자들이 과학적 연구의 과정을 이해하고 과학적인 탐구를 실천하는가를 측정하기 위한 준거이다. 이를 측정하기 위해서는 학습자들이 근거를 들어 주장하는지, 탐구기능을 제대로 활용하는지, 과학적인 탐구 태도를 보이는지를 분석하는 방법이 있다.

■ 집단의 탐구상황(group inquiry situation)

집단의 탐구상황이란 학습자들이 어떤 의도로 탐구활동을 하는지를 의미한다. 학습자들이 탐구과정을 이끌어 가는 개인의 목적과 탐구과정에 대한 인식의 형태를 분석하기 위한 준거이다. 이를 측정하는 방법은 순수하게 학문적 열의에서 비롯된 탐구활동이었는지, 개인의 필요나, 사회적 요구에 의한 것이었는지, 과학기술의 발전을 위한 활동이었는지를 학습자 간의 담화를 추출해 분석하는 것이다.

---

3) Syntactic understanding을 과학적 소양의 습득으로 번역한 것은 Schwab(1966; Ford, 1999에서 재인용)의 주장에 근거한다. 과학지식의 본질을 이해했는가를 의미한 substantive understanding에 비해 syntactic understanding은 과학자가 연구하는 통상적인 절차에 따라 탐구기능을 바르게 수행할 수 있는지를 함의하는 용어이다.

■ **집단의 탐구모형**(group inquiry model)

집단의 탐구모형은 학습자들이 탐구활동을 하는 과정이나 절차를 개념적인 도식으로 나타낸 것이다. 탐구모형이란 학습자들이 탐구기능을 활용하며 과학의 개념이나 원리를 발견하는 절차나 과정을 의미한다. 탐구상황이 내면적인 인식을 분석하기 위한 것이라면, 본 연구가 알아보고자 했던 탐구모형은 본래의 개념을 확장하여 탐구과정에 영향을 주는 외부의 요인을 찾기 위해 활용되었다. 탐구를 수행하는 중에 학습자들 사이에 경쟁심이나 의견 다툼 등이 생겨 탐구과정에 영향을 준다면 이를 설명하기 위한 수단이다. 연구자들은 탐구모형을 통해 학습자들의 탐구과정을 촉진하는 원인, 영향을 주는 외부 요인, 학습자들이 활용한 전략, 탐구활동의 과정 및 결과 등을 알 수 있다. 이를 측정하는 방법은 학습자들이 수행한 탐구과정에 대한 관찰 자료를 분석하여 탐구모형으로 나타내는 것이다.

II

이론적 배경

1. 과학교과에서의 탐구과정

1) 탐구과정의 개념

일반적으로 탐구란 기존의 지식과 과학적 방법을 활용하여 새로운 지식을 발견하는 활동이다(Schwab, 1978). 과거에는 탐구에 대한 패러다임이 현실에서 벗어난 고도의 전문적인 이론을 발견하는 것을 중시하였다. 그러나 현재에는 연구자들이 현장에 직접 참여하여 문제를 인식하고 이에 대한 해답을 찾아내는 정형화된 탐구과정에 관심을 둔다(조정일, 1990; 조희형, 1992; White & Fredericksen, 1998). 전통적 패러다임과 비교하여 후자의 관점을 실제적 탐구(practical inquiry)라고 하며, Schwab(1978)에 의해 처음 개념화되었다.

실제적 탐구 중심의 현대 과학교육은 기존의 과학자들이 만들어 낸 지식을 이해시키기보다 과학의 본질과 탐구 절차를 이해시키는 것에 관심을 둔다. 결국 과학자들이 무엇을 연구하고, 어떤 능력을 갖추어야 하는지, 그들이 수행하는 연구 절차나 과정상의 특징은 무엇인지가 관심의 대상이다(Welch, 1981; White & Fredericksen,

1998). 과학적 탐구과정이란 과학의 본질을 이해하고, 지식을 산출해 내기까지의 과학적 활동이다. 이는 과학지식을 축적하는 것이 목적이 아니라 그 지식을 얻기까지의 과정이나 방법, 활용된 전략 등을 규명하고자 하는 것이다(Chalmers, 1982). 그러나 단순히 과학적 탐구과정을 따라 하거나, 과학자의 활동과 특성을 이해하는 것만으로 과학의 본질을 정확히 이해하였다고 보기 어렵다는 반론도 제기되었다(Millar & Driver, 1987).

과학적 본질을 안내하는 탐구과정이란 단순히 과학자의 실제적 연구 절차만을 의미하는 것이 아니라, 탐구하는 데 필요한 기능이나 행동요소를 갖추고 이를 활용하는 상황까지를 포함한다. 탐구능력을 키우기 위해서 필요한 탐구과정에는 탐구의 기초가 되는 초보적인 기능을 중심으로 관찰, 분류, 측정, 예상, 추리 등이 있다. 이들을 기초탐구과정이라 하며, 기초탐구과정이 전제가 된 문제 인식, 가설 설정, 변인 통제, 자료 변환, 자료 해석, 결론 도출, 일반화 등의 고차적인 탐구요소를 통합탐구과정이라고 한다(교육인적자원부, 2002; AAAS, 1990). 일반적으로 초등학교에서는 저학년에서 기초탐구과정을 통해 학습하도록 하고, 고학년에서 통합탐구과정을 수행하도록 과학과 교육과정이 구성되어 있다.

2) 탐구과정의 요소

탐구과정 요소는 탐구능력을 키우기 위해 필요한 구체적 탐구활동이며 탐구의 방법을 이해하기 위해 학습자들이 수행해야 할 과학자의 행동특성 및 기능이다(NRC, 2001). 학습자들이 필요로 하는 탐구

능력이 무엇인지를 찾아 탐구과정 요소로 설정하며 이들을 조직하여 탐구모형으로 제시할 수 있다. 탐구과정 요소들로 조직된 탐구모형을 도출하는 목적은 과제의 특성에 적합한 다양한 탐구절차를 규정하는 것이다. 탐구과정 모형은 연역적, 귀납적 방법을 사용하는 사회과 탐구모형, 탐구과정 요소 중 가설 설정이나 검증을 위주로 한 과학적 탐구모형이 대표적이다(Harms, 1999). 그 밖에 역사적 탐구나 심리 사회적 탐구, 종교적 탐구 등의 목적에 맞게 탐구과정 요소는 다양하게 조직될 수 있다. 본 연구는 이러한 분야 중 과학과 탐구 유형에 국한하여 탐구과정의 요소를 논의하기로 한다. 본 연구가 과학교과를 대상으로 하므로 이에 맞는 탐구과정을 구체화하기 위함이다.

탐구능력을 신장하기 위해 추출된 탐구과정 요소는 대표적으로 SAPA(Science A Process Approach), Klopfer(1971), GCSE(General Certificate of Secondary Education), NAEP(National Assessment of Educational Progress), APU(Assessment of Performance Unit) 등이 규정한 것들이다.

가. SAPA의 탐구과정 요소

SAPA는 미국과학교육학회(American Association for the Advancement of Science)에 의해 만들어진 과학교육 프로그램이다. 탐구능력을 신장하기 위해 탐구과정을 위계적으로 나열한 교육과정이며 이를 평가하기 위한 도구이다. 1990년에 발표된 SAPA Ⅱ는 탐구과정을 기초탐구과정과 통합탐구과정으로 구분하고 있다. 기초적인 활동은 관찰과 분류, 공간과 시간의 관계를 활용하는 것, 의사소통을 하는 것, 수를 사용하는 것, 측정이나 예상을 하거나 추론하는 것이다. 만약 이런 활동들이 선행되었다면 변인을 통제하고, 자료를 해석하고 조작적 정의를 하고 가설검정을 하며 직접 실험을 수행하는 활동이 이어져야 한다(AAAS, 1990). 저차원과 고차원의 두 개 과정으로 구분하여 학습자의 개인차를 고려하도록 설계된 것이 특징이다.

나. Klopfer의 탐구과정 요소

Klopfer(1971)는 탐구과정 요소를 설정하는 데 Bloom의 교육목표 분류학을 근거로 하였다. 그는 교과의 종류나 학년에 상관없이 행동 영역을 일원화한 것에 문제를 제기하고 과학교과에 맞는 수준별 탐구요소만을 다루었다. 목표별로 무엇을 가르쳐야 하는지를 하나의 축으로, 이를 통해 기대되는 학습자의 행동은 무엇인지를 다른 축으로 이원 분류하였다. 이러한 목표에 따라 9개의 범주를 정해 과학교육에서 학습자에게 어떠한 행동을 기대해야 하는지를 명시하였다. 이러한 범주 중에서 A.0.부터 E.0.까지 명명된 5개의 영역을 32개 항목의 탐구과정 요소로 분류하였다. 이는 인지적, 정의적, 심체적 영역으로 크게 목표를 분류하고, 내용과 행동이라는 이원적인 준거로 과학교육의 목표를 세분화한 것이다. 알파벳 A부터 E는 행동목표를 범주화하기 위한 단순한 구분자에 불과하다. 내용은 1부터 오름차순으로 정리한다. 〈표 Ⅱ-1〉은 행동목표별 구체적인 탐구과정의 요소를 나타내고 있다.

〈표 Ⅱ-1〉 Klopfer(1971)의 탐구과정 요소

기호	탐구과정	요 소
A.0.	지식과 이해	A.1. 특정 사실에 대한 지식 A.2. 과학용어에 관한 지식 A.3. 과학개념에 관한 지식 A.4. 규약에 관한 지식 A.5. 경향과 순서에 관한 지식 A.6. 분류, 범주, 준거에 관한 지식 A.7. 과학적 기술과 절차에 관한 지식 A.8. 과학의 원리와 법칙에 관한 지식 A.9. 이론과 주요 개념 체계에 관한 지식 A.10. 새로운 상황에서의 지식의 확인 A.11. 한 상징적 형태에서 다른 상징적 형태로 지식을 변환
B.0.	관찰과 측정	B.1. 사물과 현상의 관찰 B.2. 관찰한 내용을 적절한 언어로 기술하기 B.3. 사물이나 현상의 변화를 측정 B.4. 적절한 측정도구의 선택 B.5. 측정도구에 의한 오차조절
C.0.	문제의 발견과 해결책의 인식	C.1. 문제 인식 C.2. 가설 설정 C.3. 적절한 가설의 검증 방법 선택 C.4. 검증을 위한 실험 과정을 설계
D.0.	데이터의 해석과 일반화	D.1. 실험자료 처리 D.2. 실험자료를 함수관계로 표시 D.3. 실험자료와 관찰 내용의 해석 D.4. 외삽(extrapolation)과 내삽(interpolation)하기 D.5. 얻어진 결과에 의해 일반화하기
E.0.	이론적 모형의 설정, 검증, 개선	E.1. 이론적 모형의 필요성 인식 E.2. 이론적 모형 설정 E.3. 이론적 모형을 이용해 현상과 원리 설명 E.4. 이론적 모형으로부터 새로운 가설의 추론 E.5. 이론적 모형의 검증 실험에 대한 결과해석 및 평가 E.6. 이론적 모형의 수정 및 확장

다. GCSE의 탐구과정 요소

GCSE는 영국에서 실시하는 중등학교 졸업자격 국가고시이다. 이 시험은 중등학교에서 수업 받은 결과를 측정하는 수학능력 평가이다. 사실에 근거하여 학습한 내용을 논리적으로 피력하는 지적 능력, 학습한 지식들에 대한 적용능력, 기타 기술과목에서 익힌 기능의 실제 활용 능력을 측정한다. 대부분이 지필 평가로 이루어지며 평가의 핵심적인 준거가 탐구과정이다. GCSE가 평가의 준거로 제시하는 탐구과정 요소는 16가지이며 다음과 같다(김창식, 이화국, 권재술, 김영수, & 김찬종, 1991; Swan, 2000).

〈지적인 능력의 향상을 위한 탐구과정〉
· 관찰한 내용을 정확히 기록하고 측정한다.
· 실험 안내서의 내용을 그대로 따라 한다.
· 관찰한 사실과 생각을 다양한 방법으로 전달할 수 있다.
· 정보를 여러 형태로 변환한다.
· 특정 상황에 맞는 정보를 찾아낸다.
· 실험 데이터에서 규칙성을 찾고 가설을 설정하여 관계를 찾아낸다.
· 실험 데이터에서 결론을 도출하고 비판적으로 분석한다.
· 측정의 불확실성을 인식하고 설명할 수 있다.
· 실험을 통해 측정치의 타당도를 검증하고 결론을 일반화할 수 있다.
· 실험기구를 바르게 선정하여 목적에 맞는 실험을 계획하고 수행한다.

〈지식의 활용을 증진하기 위한 탐구과정〉

- 일상의 사실, 현상을 과학적인 법칙, 이론, 모형을 통해 설명할 수 있다.
- 특이한 사실, 현상에 대해 과학적인 설명을 할 수 있다.
- 과학적 사고와 방법을 통해 정성적이고 정량적인 문제를 해결할 수 있다.
- 증거와 논리 분석을 통해 의사결정을 한다.
- 과학연구에는 여러 가지 제한점과 불확실성이 있음을 인식한다.
- 과학의 기술적, 사회적, 경제적, 환경적 의미를 평가한다.

라. NAEP의 탐구과정 요소

NAEP는 미국의 국가적 차원의 교육발전 상황을 점검하는 사업으로 1969년부터 시작되었다. 정기적으로 읽기, 수학, 과학, 작문, 역사, 사회, 지리, 예술 분야에 대해 4학년, 8학년, 12학년의 학생들을 대상으로 각 영역에 대한 학업성취도를 분석하였다. 매 4년마다 실시하는 학력평가제도로 매번 각기 다른 평가틀을 사용해왔다. 과학탐구에 있어서는 과학교육의 일반 목표 달성도를 평가하기 위한 다양한 문항들이 개발되었으며 학습자들의 과학적 소양을 측정하였다(Lindquist, 2001; NAEP, 2002). 초기인 1970년대에는 탐구과정 요소를 1차원(과학적 소양), 내지 2차원(행동, 과학의 기본적 양상)으로 구분하여 평가하였고 1980년대에는 내용과 인식, 상황이라는 범주로 더 세분화하였다. 특히 상황의 평가 영역은 과학과 사회라는 분야를 새롭게 추가한 것이며 개인적, 사회적, 기술적인 상황으로 나누어진다. 1990년대에 들어서는 상황의 평가 영역을 다시 내용과 사고 능력이라는 2차원적인 평가 기준으로 세분화하였다(Lindquist, 2001; NAEP, 1989).

1996년부터 2000년에 실시된 최근의 평가틀은 지구과학, 물리학, 생명과학의 내용 영역에 대해 이해해서 적용하는 과정과 과학의 본질에 대한 이해라는 두 가지 범주를 평가하도록 수정되었다. 이해해서 적용하는 범주의 탐구과정 요소는 다시 개념에 대한 이해, 과학적 연구활동, 실제적 추론으로 세분화하였다. 특히 과학의 본질에 대한 이해는 처음으로 NAEP에 도입되었다. 이는 과학의 의미를 파악하고 사용되는 기술과의 관계를 이해하는지, 과학과에서 다루는 주제를 정확히 파악하는지를 평가한다. 여기서의 주제는 과학교과만의 개념 조직의 특성과 교과내용에 대한 전체적인 아이디어를 포함한다. 특히 과학과 전체를 유기적으로 파악하는 체제 개념과 현실에서의 적용에 필요한 과학적 이해력을 높이기 위한 모형, 자연현상에서 발견할 수 있는 구체적인 변화의 양상을 탐구과정의 요소로 추가하였다(NAEP, 2002). 각 탐구과정 요소의 특징을 정리하면 〈표 Ⅱ-2〉와 같다. 탐구과정의 수준을 저차원의 개념과 이해, 고차원의 과학의 본질로 이분화한 것을 알 수 있으며, 각 범주별로 어떤 탐구과정을 수행해야 하는지 명시되어 있다.

<표 Ⅱ-2> NAEP(2002)의 탐구과정 요소

차원	범주	탐구과정 요소
이해와적용	개념적 이해	·자연을 직접 경험하거나 수업을 통해 이해한 개념이나 사건 ·자연을 관찰하고 설명하기 위한 과학적 개념, 원리, 법칙, 이론 ·과학탐구를 수행하기 위한 절차에 대한 정보 ·실제 생활의 과제에 과학적 지식을 적용하기 위한 방법 ·과학철학, 역사, 본질에 대한 제안들 ·과학, 기술, 사회의 상호 작용
	과학적 연구활동	·다른 학문과 다르게 세상에 대해 이해하는 과학의 연구활동 ·학습자의 발달 단계에 맞는 과학적 연구활동을 강조 ·제1수준: 단순히 사물이나 자연현상에 명칭을 부여 ·제2수준: 자연현상에 연속적인 서열을 부여 ·제3수준: 자연현상에 동간 척도를 활용해 서열을 부여 ·제4수준: 자연현상에 비율을 고려한 서열을 부여
	실제적 추론	·교과서 문제에 과학적 이론을 적용하는 것이 아니라 실생활의 문제해결 활동 ·실험을 위한 가설을 세울 수 있어야 하며 다양한 요인을 고려하고 객관적인 관점을 가지며 생활에서의 추론이 중요하다는 것을 인식해야 한다.
과학의본질	과학	·저학년 수준: 관찰한 내용을 다양한 방법으로 설명할 수 있어야 한다. ·중학년 수준: 관찰된 내용과 관련된 다양한 변인들을 설명할 수 있어야 한다. ·고학년 수준: 이해한 바를 증거를 들어 논리적으로 설명할 수 있어야 한다.
	기술	·실생활의 문제를 해결하기 위해 기술 개발의 필요성을 이해
	주제	·학습자들이 과학에 대한 밑그림을 가지고 실생활의 문제를 다룰 수 있어야 한다. ·모형: 복잡한 자연현상을 이해하기 위한 모형을 사용할 수 있어야 한다. 모형은 개념이나 다양한 변인들의 관계를 표현한 것임 ·체제: 자연현상에 대한 체제는 완전하고 예언 가능한 순서나 구조, 과정이다. 체제는 다양한 자연현상들의 인과관계나 관련성, 범위 등을 나타낸다. ·변화의 유형: 자연현상들의 유사성, 차이점 등을 구분하고 시간의 변화에 따른 변화의 규칙성을 밝혀낸다.

마. APU의 탐구과정 요소

APU는 영국에서 1980년부터 5년 동안 시행된 과학과 성취도 평가이다. 이는 과학학력 평가뿐 아니라 교육과정, 교수-학습 방법, 교사교육, 실험기자재의 개선에 영향을 주었다. APU는 과학교과를 문제해결 과정과 관련된 실험교과로 정의하고 과학탐구의 요소를 문제해결 과정으로 나타내었다. 과학탐구에서의 문제해결 과정을 문제 인식, 가설 설정, 실험 설계, 결과의 기록, 자료 해석, 실험결과의 평가라는 일련의 단계로 정의하였다.

APU의 과학탐구 요소는 과정, 개념, 내용과 상황의 세 범주로 구분된다. 첫째, 과정은 증거의 수집과 이용, 관찰과 조사, 정보의 해석, 결론의 유도 및 새로운 상황에서의 아이디어 응용 등 학습자가 속해 있는 실생활의 세계를 탐구하는 과정을 의미한다. 둘째, 개념은 학생들이 알아야 하는 특정지식으로 탐구과정에서 문제해결을 위해 사용하며 각 학년과 발달 수준에 따라 구분된다. 셋째, 내용과 상황은 과정과 개념이 적용되는 대상이다. 정보나 사물, 사건 또는 자료를 의미하며 과학과 수업과 관련된 것 이외에도 학생의 개인적, 기술적, 사회적 상황이 포함된다. 이러한 APU의 평가모형은 행동주의와 체제이론을 바탕으로 개발되었다. 탐구과정 요소들이 문제해결 모형을 바탕으로 조직되었으며 평가문항을 제작할 때 준거로 사용할 수 있다. 다음은 구체적인 탐구과정의 요소이다(우종옥, 정철, 1996; APU, 1981; Bransky, 1993). 〈표 Ⅱ-3〉을 보면 학습자들의 탐구과정을 평가하기 위한 APU의 구체적인 범주들이 제시되어 있다. 대범주에 따라 평가문항의 비율을 조절하고 각 범주별 하위범주의 행동특성이 제대로 수행되었는지를 평가하기 위한 기준이다. 부가적 소범주는 주요 소범주 외에 덧붙여 측정되어야 할 행동들을 제시한다.

<표 Ⅱ-3> APU(1981)의 탐구과정 요소

대범주	탐구과정 요소	
	주요 소범주	부가적 소범주
1. 기호사용하기	·그래프, 표, 차트에서 정보를 찾기 ·정보를 그래프, 표, 차트로 나타내기	·과학적 기호 및 표시 방법 사용하기
2. 측정하기	·측정도구 사용하기	·양을 어림잡기 ·실험지침에 따라 실험하기
3. 관찰하기	·유사점과 차이점 찾기	·분류의 특성 이용하기 ·관찰한 바를 해석하기
4. 개념의 해석 및 사용	·정보의 규칙성을 기술하고 응용하기 ·물리, 생물, 화학의 개념 응용하기	·일반화된 이론을 적용하기 ·모순의 정도를 파악하기 ·대안적 가설을 일반화하기
5. 탐구의 설계	·검정 가능한 진술 만들기 ·실험절차를 고안하기	·탐구 방법을 고안하고 기술하기
6. 탐구의 실시	·전체적 탐구 수행하기	

바. 7차 교육과정의 탐구과정 요소

대부분의 탐구과정 요소는 학습자들에게 과학자들이 수행하는 것과 동일한 탐구활동의 경험을 제공하자는 목적을 갖는다(Welch, 1981; Woolnough, 1991). 결국 탐구과정의 요소란 과학적 탐구능력을 신장시키는 데 필요한 요인들이다. 본 연구의 대상이 초등학생들이고 학습의 내용이 6학년 과학교과이므로, 국내의 7차 교육과정이 추구하는 학습목표에 기초한 탐구과정의 요소를 추출해서 정의할 필요가 있다.

탐구의 과정과 탐구의 기능을 혼동하여 사용하는 경우가 있다. 일반적으로 탐구의 과정은 문제해결에 필요한 과학적 활동을 의미하고, 탐구의 기능은 탐구과정을 수행할 때 필요한 시약의 사용, 동물의 사육, 실험기구를 제작하고 다루는 기능을 의미한다. 그러나 6차 교육과정부터는 이를 구분하지 않고 하나의 목표로 제시하고 있다. 이들이 상호 보완적인 관계에 있어 별도의 개념으로 구분하기 어렵기 때문이다(교육부, 1993). 본 연구에서는 탐구과정을 과학적인 문제를 해결할 때 필요한 관찰, 분류, 측정, 예상, 추리, 실험, 자료 해석 등의 과학적 활동으로 정의하고, 탐구과정의 요소를 탐구능력을 배양하기 위한 탐구과정을 구성하는 과학적인 활동요소로 정의한다. 7차 교육과정에 근거하여 각각의 탐구요소들을 추출하고 이들에 대해 다음과 같이 정의하였다(교육인적자원부, 2002).

〈표 Ⅱ-4〉 탐구과정 요소에 대한 조작적 정의

탐구과정 요소		조작적 정의
저차원의 탐구과정	관찰	관련 지식과 오감을 활용하여 문제해결에 필요한 정보와 자료를 얻는 활동
	분류	목적에 맞게 사물을 공통적인 속성이나 조건에 따라 같은 범주로 묶거나 다른 범주로 구분하는 활동
	측정	측정도구의 선택과 단위의 선택, 측정 범위와 구간, 어림셈, 오차와 정확도, 신뢰도를 이해하고 관찰 결과를 수량화하는 활동
	예상	관찰 결과나 측정의 결과에 기초하여 규칙성을 파악하고 나중에 관찰되거나 일어날 현상이 구체적으로 어떻게 될지 미리 판단하는 활동
	추리	관찰한 사실을 해석하고 설명하는 과정으로 사실뿐 아니라 사실 뒤에 숨은 내용, 사실을 뛰어넘어 직접 지각할 수 없는 현상을 포착하는 활동

탐구과정 요소		조작적 정의
고차원의 탐구과정	문제 인식	해결되어야 할 문제를 발견하고 기존의 지식을 사용하여 해석하고 자신의 말로 문제를 재구성하는 활동
	가설 설정	이미 알고 있는 사실과 개념, 관찰 결과를 바탕으로 문제에 제기된 변인 사이의 관계를 경험적으로 검증할 수 있도록 진술하는 활동
	변인 통제	공정한 검증을 할 수 있도록 실험 및 조사에 영향을 주는 조건을 확인하고 독립변인 외에 다른 변인들을 통제하는 활동
	자료 변환	관찰이나 측정 결과로 얻은 자료를 기록하고 자료를 해석할 수 있도록 표나 그래프 등으로 조작하거나 변환하는 활동
	자료 해석	관찰이나 실험으로 얻은 자료를 분석하고 예상이나 추리를 통해 가설과 연결하여 의미 있는 관계나 경향을 찾아내는 활동
	결론 도출	해석된 자료를 바탕으로 수집된 자료의 타당성과 신뢰성을 검토하여 문제에 대한 해답을 얻거나 가설에 대한 판단을 내리는 활동
	일반화	구체적인 사례나 검증된 사실들로부터 포괄적인 의미를 이끌어 내는 활동

3) 탐구과정에 대한 선행연구 분석

과학적 탐구과정은 자연현상에 존재하는 법칙을 발견하는 절차 중심의 활동이다. 학습자에게 과학적 탐구과정을 안내하기 위해 탐구과정의 요소를 절차별로 배열하는 데 과학철학과 인지과학이 영향을 주었다. 과학철학은 탐구과정의 관심을 실제 생활에서의 적용이라는 영역으로 확대하도록 했고, 인지과학은 고차원의 사고력을 배양하는 탐구과정을 강화하도록 영향을 주었다. 인지과학의 시각에서는 탐구과정을 문제해결 과정으로 생각하였으며, 일련의 탐구과정을 문제해결 모형으로 제시하려는 노력이 이어졌다(Linn & Muilenberg, 1996; White & Fredericksen, 1998). 학습의 상황에서 탐구과정을 다양한 모형으로 명시하는 것은 학습자들이 일상에서 자연에 대한 탐색뿐 아니라, 지적 탐구 영역에서의 사고력을 키우도록 돕는다. 본 연구는 과학과 탐구과정의 모형을 학습자들에게 안내하기 위한 기본 전제로 탐구과정의 수준별 구성을 기본 원리로 한다. 탐구과정에 대한 다양한 관점의 선행연구가 있었으나 본 연구는 탐구과정의 수준별 적용을 주제로 한 다음과 같은 선행연구들을 살펴보았다.

Hills(1970)는 탐구과정에도 인지적 위계가 존재한다고 생각하고 탐구과정의 위계적 활동모형을 제시하였다. 그는 탐구과정을 수행하기 위해서는 필요한 하위 활동이 선행되어야 한다고 보았다. 예를 들면 지리학에서의 발견을 일반화하기 위해서는 먼저 지형, 기후, 생활양식 등의 구체적인 개념들을 상세화한 다음, 범주를 정해 유사한 점과 상이한 점을 분석하고, 분석 결과를 통해 발견한 규칙을 가설을 정해 검증하는 식의 절차적 활동이 필요하다고 보았다. [그림 Ⅱ-1]을 보면 관찰에서 의사결정까지의 탐구과정이란 점점 위로 올라갈수록 높은 수준의 활동에 해당한다. 그 모형에서 탐구과정의 순서는 인지적 위계에 맞게 차례로 보다 높은 수준으로 조직되어 있다. 그는 학습자들이 하위요소부터 상위요소까지 순서에 맞는 활동을 할 수 있게 지도해야 학습효과를 얻을 수 있다고 주장한다.

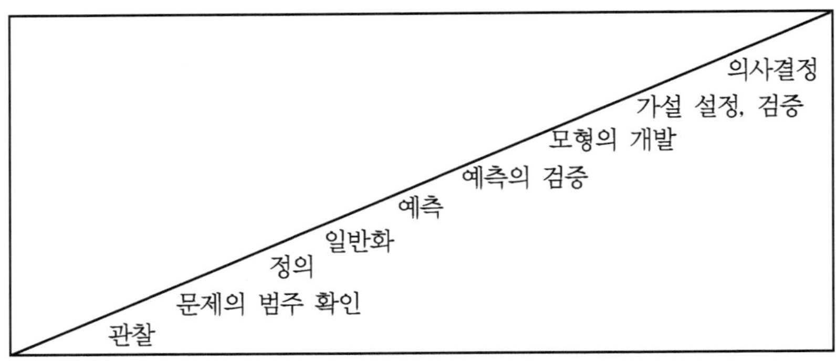

[그림 Ⅱ-1] Hills(1970)의 탐구과정의 위계적 활동모형

과학적 탐구과정을 통해 과학의 기본 개념을 이해시키거나 과학적 소양을 기르기 위해서는 학습자의 인지적 수준을 고려한 점진적인 사고 훈련이 필요하다. 점진적 사고 훈련은 단순히 지식의 양을 점차적으로 늘려주기보다 탐구과정의 수준을 점차적으로 높게 하여야 한다. 탐구활동은 지속적인 사고활동이기 때문에 질문하고, 문제를 단순화하고 구조화하며, 실험을 설계하고, 일정한 규칙성을 찾는 기본적인 인지 경험이 선행되어야 한다(Ripple, 1964; Wood, 1974; 재인용). 실제로 과학과에서 탐구과정의 수준은 크게 개념적 이해에 대한 부분과 탐구과정에 대한 이해의 부분으로 구분된다(Gott & Duggan, 1994). 이는 탐구과정을 실습하는 학습이란 관찰, 기록 등의 활동으로 개념적인 이해를 먼저 하고 나서, 고차원의 문제해결 활동을 해야 효과적임을 지적한다.

Staver와 Bay(1987)는 탐구과정의 수준을 분류하는 틀을 개발하고 이를 이용해 미국의 초등학교 교과서 11종을 분석하였다. 탐구과정을 안내한 실험활동이 얼마나 되는지 알아보기 위해서였다. 그의 분석 결과를 보면, 교과서의 전체 실험 활동 136개 중 72개가 단순히 탐구 과정에서 개념이나 원리를 제시하고 이를 확인하는 탐구였다. 그리고 60개의 실험이 준비물이나 실험 절차를 제시하는 구조화된 탐구였다고 평가하였다. 그러나 이와 같이 미리 구조화된 탐구조차도 학습자들의 인지적 노력이 덜 필요한 저차원의 탐구과정만을 다루고 있었다. 이에 반해 탐구문제와 탐구과정을 제시하여 고차원의 탐구과정으로 이끄는 안내된 탐구(guided inquiry)는 4개에 불과하다고 보고하였다. 이 연구를 통해 연구자들은 과학과에서의 탐구란 학습자들이 실험을 주도적으로 계획하고 진행하는 개방적인 탐구이어야 하며, 이를 안내하기 위해 탐구과정을 위계적으로 조직하여 제시할 필요가 있음을 강조하였다.

탐구과정의 위계와 관련하여, 탐구학습을 처음으로 개념화한 Schwab(1966)은 탐구과정의 수준을 세 가지로 구분하였다. 제1수준은 문제와 과정이 제시된 경우, 제2수준은 문제는 주어졌으나 과정은 제시되지 않은 경우, 제3수준은 문제와 과정이 모두 주어지지 않고 현상만이 제시된 경우이다. 이는 학습자들이 참여할 부분을 점차적으로 늘려줌으로써 필요한 탐구과정이 더 많이 요구되도록 학습 환경을 통제한 것이다. 제3수준에서는 학습자들이 문제를 직접 정의하고 관찰이나 추리, 예상 등의 과정을 스스로 계획해야 하기 때문에 더욱 어려운 단계이다. Schwab은 기본적인 탐구과정이 전제되어야 제3수준의 탐구과정을 해결할 수 있다고 제안하며, 학습자의 수준에 따라 적합한 수준의 탐구과정을 제시하는 것이 무엇보다 중요하다고 강조하였다.

Lassley & Matcynski(1997)는 학습자의 수준을 고려하여 안내적 탐구와 자기 주도적 탐구로 탐구과정을 분류하였다. 안내적 탐구과정은 문제를 계열화하는 단계를 제시하여 학습자에게 구체적인 탐구문제의 규명 방법을 안내하는 것이다. 반대로 주도적 탐구과정에서는 사건이나 현상은 동일하게 제시하나 초기에 문제의 계열화 방법에 대해서는 일체의 안내를 하지 않았다. 안내적 탐구는 가설을 세우고 이를 검증하여 평가하는 단계까지만을 학습의 목표로 하였다. 주도적 탐구에서는 관찰이나 질문의 결과를 바탕으로 이를 일반화하는 과정, 추수활동을 통해 이를 현장에 적용하고 결과를 성찰하는 단계까지의 탐구과정을 수행하도록 하였다. 이들은 연구결과를 통해서 주도적 탐구의 효과를 강조하였다. 탐구과정은 안내되기보다 학습자들 스스로에 의해 발견되어야 할 요인으로 본 것이다. 결국 고차원의 탐구과정이 학습자들의 탐구능력을 신장하기 위해 더 바람직하다는 것을 강조했지만, 학습자의 수준에 따라 안내적 탐구과정을 통해 탐구 경험을 확대한 후에 한 단계 높은 자기 주도적 탐구로 발전할 때 학습효과가 높았음을 지적하며 탐구과정의 절차적 안내에 대한 필요성도 간과하지 않았다.

White & Fredericksen(1998)은 탐구과정을 순환적으로 반복 가능한 절차로 보고 과학의 이론적인 개념요소를 먼저 학습하고 난 후 고차적 탐구과정으로 발전해가야 한다고 주장하였다. 이 실험에서 교사는 다양한 탐구과정의 반복적 진행 방법을 가르치고 학습자들이 학습전략을 세울 수 있도록 도왔다. 그는 먼저 학습자들이 연구 가능한 연구문제를 세우고 대안적인 가설을 세워 결과를 예상한 뒤 실험을 설계하도록 하였다. 과학적 법칙이 포함된 명확한 개념적 모형을 형성할 수 있게 자료를 분석하도록 한 다음, 개발한 모형을 다른 상황에서 적용하도록 하였다. 여기서는 모형의 활용도와 제한점을 발견하는 것이 중요하며 이를 통해 새로운 연구문제가 제기되고 새로운 주기의 탐구과정이 반복되도록 하였다. 이들의 연구는 탐구과정이란 각 요소가 선형적, 절차적 관계를 가지므로 상위의 탐구과정을 수행하기 위해서는 관련된 하위의 탐구과정의 단계를 하나하나 거쳐야 발전된 탐구과정이 가능하다고 보았다. 결국 탐구과정의 한 가지 수준만을 제시하는 것은 바람직하지 않다고 보고, 저차원과 고차원의 탐구과정을 연결하여 제시할 것을 주장한 것이다.

순환적 탐구과정이 모형을 구축하여 연구문제를 생각해내고 검증하는 선형적이고 절차적인 과정이라면 Krajcit, Blumenfeld, Marx, Bass, & Fredericks(1998)의 탐구과정은 역동적인 문제해결 과정에 초점을 두었다. 순환적 탐구과정과 유사한 절차를 강조했지만 탐구과정이나 연구의 전체적인 윤곽을 파악하는 것, 실험도구를 고안하여 탐구하는 과정, 협력의 과정, 발견한 내용을 설명하는 과정, 웹과 같은 기술적인 도구의 활용 방법을 중요하다고 보고 학습자들에게 자세히 안내하였다. 탐구의 과정에서는 연구문제를 세우고, 실험을 설계하고, 연구 절차를 계획하고 실험도구를 선정하는 작업이 우선되도록 하였다. 관찰 등의 기본적인 탐구과정을 바탕으로 실험을 수행하여 데이터를 분석하고 결과를 그래픽이나 도표 등으로 정리하는 작업이 이어졌다. 최종적으로 이러한 결과를 동료학습자들과 협력적으로 성찰한 다음 정리된 이론을 여러 사람들에게 발표하도록 하였다. Krajcik et al.(1998)은 탐구의 과정이 일방향, 직선적으로 운영되는 것에는 반대하며 필요하다면 반복적인 성찰을 통해 각 탐구과정 요소를 수준에 관계없이 수행할 것을 강조하였다. 그들은 탐구의 과정이란 이처럼 통합적인 형태이므로 각각의 탐구과정이 상호 보완적으로 전개되어야 한다는 필요성을 제기한 것이다. 지금까지 설명한 탐구과정들을 비교 정리하면 〈표 Ⅱ-5〉와 같다.

〈표 Ⅱ-5〉 **탐구과정의 비교(Lassley & Matcynski, 1997; White & Fredericksen, 1998; Krajcik et al., 1998)**

Lassley & Matcynski		White & Fredericksen	Krajcik et al.
안내적 탐구	주도적 탐구		
모순된 사건이나 자료의 제시	모순된 사건이나 자료의 제시	연구문제 세우기	연구문제 제기
문제의 계열화		예상하기	실험 설계하기
가설 설정	관찰 및 질문	실험하기	실험을 수행하기
정리	일반화	모형 만들기	자료를 분석하고 결과를 도식으로 나타내기
평가	추수활동	적용하기	협력적으로 결과를 발표하기

2. CSILE에서의 탐구과정

1) CSILE의 개념 및 특징

CSILE는 하이퍼미디어 저작 기능을 특징으로 한다. 내부의 그래픽 에디터로 개인이 가진 지식을 노드와 링크의 형태로 표현할 수 있으며 이러한 결과는 DB로 구축된다. 학습자들의 저술활동을 강조하기 때문에 대부분이 텍스트의 형식으로 지식을 저장하는 학습 환경이다. 학습자들은 다른 학습자들과의 협력적 토론을 통해 하나의 인지적 과제를 완수하며 각자가 작성한 노트를 근거로 공공의 글을 써나가게 된다. 학습자들은 CSILE에서 학술적 연구를 수행할 수 있으며, 집단의 논의를 통해 축적한 지식과 이론을 가상의 환경에서 출판할 수 있다(Hewitt, 2002; Oshima & Oshima, 2002; Punja, 1999).

CSILE는 텍스트나 그래픽 노트를 제공하여 학습자들이 자신의 생각을 다른 학습자들에게 설명할 수 있도록 돕는다. 학습자는 생각하는 바를 글이나 그림으로 표현하면서 자신의 지식을 재조직한다. 이와 같은 개인의 지식구축은 다른 학습자들과의 상호 작용을 통해 더욱 발전적으로 전개되며 지식의 기반을 확충하게 된다. 학습자들 개인이 가진 전문적인 지식이 집단에 분배되어 궁극적으로는 학습 구성원 전체의 이해 수준을 향상시키기 때문이다. 이처럼 CSILE의 효과란 Oshima와 Oshima(2001)에 의하면 두 가지 산물로 요약된다. 그 하나는 눈에 보이는 성과로서 공공의 데이터베이스(communal database) 구축이며, 이는 협력적인 학술활동의 결과로 시스템에 물리적으로 축적되는 지식을 가리킨다. 다른 하나는 공공의 이해(communal understanding)이며 지식 구성원 전체의 전반적인 이해 수준의 향상을 의미한다(Stahl, 1999).

협력적인 지식의 공유를 통해 개인 지식의 재조직이 이루어진다는 점에 비추어 그간의 연구결과들은 CSILE가 효과적인 지식구축을 가능하게 한다는 점을 실증한다(Scardamalia & Bereiter, 1991; 1993; 1994; 1996). 이는 CSILE를 통한 학습활동이 협력적인 지식의 구축을 촉진한다는 경험적인 연구의 결과들이다(Koschmann, Kelson,

Feltovich & Barrows, 1996). 보편적으로 이러한 지식구축 환경으로서의 CSILE가 가진 특징은 첫째, 탐구와 대화를 통한 이해의 증진이다. 공공의 이해를 도모하며 해당 내용 영역에 대한 심층적 이해(deep understanding)를 지원하는 것이다. 둘째, CSILE는 지식의 구축 과정을 촉진한다. 남들이 자신의 지식구축 과정을 봐준다는 사실만으로 학습자들은 타당하고 근거 있는 자료를 수집하고 설명하기 위해 노력한다. 자기 자신이 얼마나 그룹에 기여하고 스스로 성취감을 얻는가 하는 것이 지식구축을 촉진하는 요인이다. 셋째, CSILE는 자료를 저장할 수 있는 외부적 저장고(external memory)를 제공한다. 외부적 저장고란 학습자들이 이해한 내용이나 근거자료를 저장해 두는 하드웨어를 의미한다. CSILE에서는 지식을 시스템에 물리적으로 저장 가능하므로 검색과 인출이 용이하다. CSILE는 토론의 결과를 저장해 다른 토론에 인용하도록 하거나, 이론의 구축을 위해 재활용하도록 자료의 저장과 분류를 위한 도구를 제공한다. 넷째, CSILE는 성찰을 촉진한다(Kolodner & Guzdial, 1996). 학습자 개인이 경험이나 탐구를 통해 체득한 지식을 다른 학습자들에게 설명하는 과정은 설득과 반론의 역동적인 상호 작용으로 전개된다. 다른 학습자들에게 타당하다고 인정받는 이론을 구축하기 위해 학습자들은 적극적인 성찰을 하게 되는 것이다.

종합하면 CSILE는 지식구축을 촉진하는 환경으로서 학습자 개인이 이해한 지식을 다른 학습자들과 공유하며 지식의 타당성을 검증받고 이를 집단의 지식으로 저장하도록 지원한다. 공공의 데이터베이스를 구축하기 위해 다양한 멀티미디어 저작 도구가 제공되며, 지식을 하이퍼미디어의 노드와 링크로 조직할 수 있다. 다양한 의사소통 지원 기능과 데이터베이스 구축 기능, 멀티미디어 문서의 저작 기능, 효과적인 검색과 링크의 기능은 협력적 지식구축을 효과적으로 지원하기 위한 CSILE의 특징이다.

2) CSILE의 탐구과정 지원의 특징

CSILE에서의 지식의 탐구과정은 정보를 수집하고 분류하여 정보 간의 공통점 및 관련성을 추출하고 이를 통해 하나의 일반화된 규칙을 발견하는 과정이다. 이는 자신의 외부에서 구조화된 지식을 자신만의 언어로 재구조화하는 과정이기도 하다. 이에 비해 과학적 탐구과정은 문제를 인식하고, 관련된 단서를 수집하고, 관련성을 분석하여 하나의 잠정적 가설을 세우고, 구체적인 증거를 들어 가설을 검증한 다음 해석된 결과를 근거로 문제를 해결하는 개인의 인지과정이다(Carr et al., 2002; White & Fredericksen, 1998).

기존의 웹 기반 탐구학습 환경은 탐구과정을 지원할 때 학습자 개인의 인지적 활동을 돕는 데 관심을 가졌다. 그러나 CSILE는 집단의 인지과정에 관심이 있다(Bereiter & Scardamalia, 1989). 개인의 인지활동 결과를 집단의 지식구축 과정을 통해 검증받을 수 있는 환경이기 때문이다. 결국 CSILE는 집단의 탐구과정을 중시한다. 집단의 탐구과정을 지원하는 기능과 관련해 기존의 CSILE가 탐구과정을 지원하는 방식은 대략 다섯 가지 정도로 분류할 수 있다(Bereiter et al., 1997; Burtis, 1997; Burtis, & Brett, 1993; Carr et al., 2002; Cohen, 1995; Hakkarainen et al., 2002; Hewitt, 2002; Hewitt et al., 1998; Lamon et al., 2001; Oshima & Oshima, 2002).

첫째, 학습자들이 비동시적인 상호 작용을 할 수 있도록 돕는 다양한 의사소통 수단을 제공하여, 탐구과정에서의 진보적인 토론을 지원하는 경우이다. 진보적인 토론이란 이전의 이론보다 발전된 이론을 만들어가는 과정이며 개인의 지식이 공적인 지식이 되기 위해 의견이 형성되고, 비판되고, 수정되도록 하는 매개체이다(김동식, 김지일, 2003; Scardamalia & Bereiter, 1994). 탐구과정에서 토론의 기능을 지원하는 것은 일반화의 과정과 관련하여 보아야 한다. 탐구과정에서의 일반화란 학습자들이 검증한 실험의 결과를 다른 학습자들에게 제시하고 이의 타당성을 검토받는 과정이다. CSILE는 학습자들이 생각을 증거와 연결하여 설명하도록 다양한 시각적 표현 방법을 지원한다. 결국 CSILE는 개방적인 토론을 지원하고 학습자들은 이를 통해 자신의 주장에 대한 경험적 검증가능성(empirical testability)을 확보하는 것이다. 경험적 검증가능성이란 내 주장이 옳은지 점검해 볼 수 있고 전문가의 견해를 통해 자신의 지식을 보완할 기회를 얻는 것이다(Bereiter et al., 1997).

둘째, CSILE는 탐구과정에서 학습자들의 협력적 지식구축을 지원한다. 협력적 지식구축이란 개인이 가진 암묵적인 지식을 공공의 검증을 통해 타인이 제시한 의견과의 절충을 거쳐 활용 가능한 지식, 일반화된 지식으로 변화시키는 과정이다(Stahl, 1999). 결국 이해의 수준을 높인다는 효과와 공공의 지식 구축물이 만들어진다는 결과를 얻을 수 있다. 과학과 탐구과정에서 지식의 구축은 자료를 수집하고 정리하고 해석하는 활동과 관련이 깊다. CSILE는 학습자들이 개인적으로 수행한 관찰의 결과를 저장하고, 이를 수집한 자료들과의 관련성을 고려해 이론으로 발전시킬 수 있는 환경이다. CSILE에서는 학습자들이 발견한 다양한 과학적 지식을 서로 연결하도록 도구를 제공하고, 학습자들은 이러한 안내에 따라 과학적 개념 사이의 관계를 노드와 링크로 정리할 수 있다(Burtis, 1997). 이는 탐구과정을 통해 얻은 과학적 지식을 구조적으로 정리하고 검증받기 용이하도록 표현하는 기능이다.

셋째, CSILE는 과학과 탐구과정에 대한 전문가 모형을 제공한다. 학습자들은 그들이 알고 싶은 전문가의 견해를 하이퍼미디어 형태의 개념모형으로 제공받을 수 있으며, 탐구과정에서 검증하고픈 가설이나 문제해결 방안의 타당성을 전문가의 검토나 조언을 통해 평가할 수 있다. CSILE에서의 탐구과정 지원은 학습자들이 전문가인 과학자들의 탐구방식과 문제해결 과정을 따라 하도록 돕는 것이다. 탐구의 과정은 일련의 절차적 단계이기 때문에 학습자들에게 어느 정도의 목표에 도달해야 하는지, 탐구과정의 어느 수준까지 이르러야 하는지, 현재 하고 있는 탐구는 전문가의 연구 절차 중에서 어느 단계인지를 점검할 수 있게 해야 한다(Carr et al., 2002). 이러한 측면에서 CSILE는 하이퍼미디어의 지식 표현 기능을 활용해 전문가의 탐구모형을 제공할 수 있다.

넷째, CSILE는 과학적 탐구과정에서 학습자들이 협력할 수 있도록 지원한다. 과학적인 문제해결 상황은 고차원의 사고가 요구되는 탐구과정이다. 문제가 비구조적이면 학습자 개인의 노력만으로 탐구의 과정을 수행하기 어렵다. 이러한 이유 때문에 학습자들끼리 서로의 인지적 부담을 덜어주고자 협력을 한다. CSILE에서의 협력은 이처럼 서로의 이해를 돕기 위한 것과 단순히 과제를 완수하기 위한 것으로 나눌 수 있다. 좀더 의미 있는 협력은 학습자들이 이해하지 못한 것에 대해 서로 설명을 주고받는 상황일 것이다(Hewitt, 2002). CSILE는 탐구할 문제의 수준이나 성취목표의 수준에 따라 학습자들의 협력 정도가 달라진다고 가정한다. 복잡한 문제에 대한 협력적 해결 경험은 학습자들의 학습 효능감을 높이는 계기가 된다(Lamon, 1993). CSILE는 이러한 협력적 문제해결 경험을 제공하여, 학습 이후 실제의 과학적 탐구과정을 협력적으로 수행하도록 유인한다.

다섯째, CSILE는 자신의 과학적 탐구과정을 성찰하도록 지원한다. CSILE는 자신의 학습 상황을 점검하고, 문제해결을 위한 계획을 수립하고, 이를 실천하기 위한 환경을 제공한다. 이는 자신의 탐구과정을 외현화하는 작업을 통해 이루어진다. 학습자들이 수행한 각자의 탐구과정을 절차적으로 제시하도록 하여 이를 동료 학습자의 과정과 비교할 수 있다. 또한 집단의 탐구과정을 설계하기 위해 공동으로 논의하고자 하는 탐구과정의 형식을 학습자들끼리 정할 수 있다. 하이퍼미디어의 노드에 대한 논리적 연결을 탐구과정의 절차에 맞게 학습자들이 공동으로 편집할 수 있기 때문이다.

3) CSILE의 탐구과정 지원에 대한 선행연구 분석

지금까지 과학과 탐구과정을 지원하는 CSILE의 효과성에 대한 선행연구는 중복되는 주제가 있으나 대부분이 과학적 토론의 지식구축 효과에 대한 연구, CSILE를 적용한 집단과 아닌 집단의 비교연구, 지식구축 과정에서의 인식론적 신념에 대한 연구, 면대면 학습 상황의 필요성을 강조한 연구, 탐구과정의 효과적인 지원 방법에 대한 연구, 도구 활용의 문화적 차이에 대한 연구 등으로 구분할 수 있다. 이들의 연구결과(Bereiter & Scardamalia, 1989; Bereiter, Scardamalia, Cassells, & Hewitt, 1997; Burtis, 1997; Burtis, & Brett, 1993; Carr, Hewitt, Scardamalia, & Reznick, 2002; Cohen, 1995; Hakkarainen, Lipponen, & Järvelä, 2002; Hewitt, 2002; Hewitt, Scardamalia, & Webb, 1998; Lamon, Chan, Scardamalia, Burtis, & Brett, 1993; Lamon, Reeve, & Scardamalia, 2001; Scardamalia & Bereiter, 1991; 1993; 1994; 1996; Oshima & Oshima, 2002)를 종합하면 첫째, CSILE는 탐구활동에서 학습자들의 담화를 지원하는 환경이며 이를 통해 지식구축을 촉진하고 학습자들의 능동적인 탐구활동을 유인하는 효과가 있다고 보았다. 둘째, CSILE에서의 학습과 면대면 수업의 병행은 동시적, 비동시적 커뮤니케이션의 각각의 장점을 수용하므로 한 가지 환경에서의 학습활동보다 효과적이었음을 증명하였다. 셋째, 학습자의 수준에 따라 어떤 유형의 탐구활동 지원이 CSILE에서 이루어져야 하는지에 대한 경험적 근거를 제시하였다. 넷째, CSILE는 학습자들의 과제 수행을 촉진하는 도구라기보다 공동의 이해 수준을 높이기 위한 목적에 활용되어야 한다는 것을 주장하였다. 다섯째, CSILE는 정형적인 과학의 탐구과정을 인식하도록 돕는 도구로서 과학자다운 탐구의 절차나 태도를 집단의 성찰을 통해 체득하게 하는 환경이라는 점을 주장하였다. 특히 전문가 모형을 제시하는 가장 효과적인 환경이라고 보았다. 여섯째, CSILE는 탐구과정에 대한 인식론적 신념의 형성에 도움이 된다고 보았다. 일곱째, CSILE를 고차원의 탐구학습이나 문제해결 학습을 위한 최적의 환경이라고 평가하였다. 위와 같은 일곱 가지 유형에 대해 구체적인 연구결과들을 살펴보면 다음과 같다.

문화와 도구라는 관점에서 Oshima & Oshima(2002)는 CSILE에

대한 기존의 연구가 토론 문화에 익숙한 서양 학습자들을 대상으로 그 효과성을 검증했던 것에 대해 문제를 제기하였다. 그들은 일본의 학습자들이 문화적인 배경에 상관없이 CSILE를 성공적으로 활용하기 위해 필요한 조건을 알아보고자 형성적 연구를 수행하였다. 먼저 대학원생들을 대상으로 2개의 커뮤니티를 조직하였으며, 비동시적 의사소통 수단으로 웹 기반 CSILE를 활용하였다. 하나의 집단은 웹 기반 CSILE에서의 수업과 면대면 수업을 병행하였고 다른 하나는 온전히 웹에서만의 토론을 통해 과학과 탐구수업을 진행하였다. 연구결과 면대면 수업을 병행하는 것이 웹에서의 지식구축을 촉진한다는 사실을 발견하였다. 이 연구결과를 바탕으로 웹 기반 CSILE를 보완하여 과학적 소양이나 웹의 활용 능력이 초보자라고 생각되는 대학생들을 대상으로 선행연구에서 얻은 아이디어들을 수업 설계에 적용해 보았다. 그 결과 초보자 커뮤니티의 학습자들은 세 가지 유형의 활동을 하였다. 첫째 유형은 학습내용을 이해하기 위한 목표로 담화활동에 적극적으로 참여한 경우인데, 이해를 목적으로 하는 유형이라고 정의하였다. 둘째 유형은 이해를 돕기 위해 담화활동에 참여하고 싶지만 학습을 성찰하는 과정과 웹 기반 CSILE를 사용하는 데 어려움을 느껴 활동이 미흡했던 경우로 과도기적 유형이라고 정의하였다. 마지막 셋째 유형은 자신의 이해를 증진하기보다는 단순히 과제를 완수하기 위해 담화에 참여한 부정적인 경우로 과제지향적 유형이라고 분류하였다. 이 연구는 초보 학습자들을 위해 어떤 종류의 시스템 지원이 필요한지를 제시한다. 연구자들은 CSILE가 초보 학습자들을 위해 과학적인 토론의 기능이나 방법, 과학적 탐구를 위해 필요한 학습전략을 제시해 주어야 한다는 필요성을 제기하였다. 이들에 의하면 탐구과정을 지원하기 위한 CSILE 본연의 역할이란 다양한 수준의 학습자들이 협력적인 도움을 주고받을 수 있는 효과적인 비동시적 의사소통 수단을 제공하는 것이다.

토론과 지식구축이라는 관점에서 Hewitt(2002)는 기존의 교실수업이 지식을 전달하는 교사 주도의 수업인 것에 문제를 제기하며 CSILE를 통한 지식구축 커뮤니티가 이해 중심의 학습활동을 돕는 대안이 될 수 있다고 주장하였다. 그는 실험용 CSILE에서 학습자들이 자신의 생각이나 의견에 태그를 표시해 기술하도록 하였다. 태그를 표시한다는 것은 학습자가 자신의 의견을 말하는 것인지, 증거를 대는 것인지, 더 알고 싶은 것은 무엇인지, 새로 발견한 정보인지를 명시하는 것이다. 즉 학습자가 탐구하고자 하는 연구문제에 대해 자신의 생각을 정리하는 방법을 안내한 것이다. 그는 기존의 CSILE에서의 협력학습은 지나치게 과제 중심의 활동을 중시하여 진정한 이해 중심의 학습에 소홀하였다고 지적하였다. 이는 학습자들이 자신이 알고 있는 것을 설명하는 논쟁의 기회를 충분히 얻지 못한 결과라고 보았다. 그는 CSILE에서의 활동이 이해의 과정을 중심으로 전개되었을 때, 문제 제기와 설명, 논증의 탐구과정이 촉진되었다고 보고하였다. CSILE에서 학습자들이 이해의 과정을 중심으로 탐구활동을 했을 때 토론의 과정이 촉진되었음을 알 수 있는 결과이다.

인식론의 측면에서 Hakkarainen 등(2002)은 CSILE가 초등학교 학생들이 지식탐구과정을 인식하는 데 영향을 준다고 가정하였다. CSILE를 통해 어떤 종류의 인식이 형성되는지 탐색하고자 한 것이다. 그들은 CSILE가 학습자가 연구문제를 세우고 발전시키며 과학적 정보를 생성하는 탐구과정을 지원한다고 보았다. CSILE가 탐구과정에서 공공의 지식구축 도구를 제공함으로써 학습자들이 집단의 지식발전에 책임감을 가지도록 한다는 것이다. 이러한 책임감이 인식론적 성찰을 촉진하고 높은 수준의 탐구활동으로 학습자들을 유인한다고 보았다. 특히 두 개 나라의 학습자들을 비교했던 이 연구는 CSILE가 전문가 모형을 제시하고 상위 수준의 탐구과정을 안내했을 때, 학습자들의 인식론적 신념에 긍정적인 영향을 주었으며 이해도가 증진되었다고 설명한다.

인식론적 신념에 대해서는 Hakkarainen 등(2002)의 연구 이전에 Lamon 등(1993)의 연구에 의해 검토되기도 하였다. 그는 초등학생 110명을 대상으로 CSILE를 활용한 과학과 탐구학습에서 학습자들이 얻게 되는 학습에 대한 신념과 이해의 수준을 조사하였다. 한 학기 동안 2개의 전통적 지식구축 집단과 3개의 CSILE 활용 집단의 수업이 분석의 대상이었다. CSILE를 활용한 집단은 교실에 네트워크로 연결된 컴퓨터에 자신들이 구축한 지식을 저장했으며 이를 그래픽으로 표현하거나 프레젠테이션 자료로 가공할 수 있었다. 이에 대해 연구자들은 아동들의 인식론적 신념과 문제해결력, 정보재생력의 차이를 양적으로 검증하였다. 그 결과로 학기의 시작에는 실험결과에 별다른 차이를 보이지 않았으나 학기가 끝날 무렵에는 CSILE를 활용한 집단이 더 정확한 정보를 재생해내었다. 전통적 지식구축 집단에 비해 CSILE 집단은 인식론적 신념도 높았으며 성숙된 학문적 탐구활동을 하였다. 탐구과정을 지원하는 CSILE가 학습자들의 인식론적 신념과 탐구활동에 대해 긍정적인 영향을 주었다는 것을 알 수 있다.

공동의 이해력 증진이라는 측면에서 Bereiter 등(1997)은 CSILE의 탐구과정에서 진보적인 토론의 역할을 강조하였다. 진보적인 토론이란 자신의 지식이 옳은지를 토론 중에 확인할 수 있고, 전문가의 도움을 받아 이해의 부족한 부분을 교정할 수 있는 성찰적 토론을 의미한다. 성찰 중심 토론의 주제는 학습자 자신의 이해 과정이다. 학습자들은 토론을 통해 이해를 돕기 위한 학습 전략을 주고받을 수 있다. 그들은 3달간 17명의 6학년 아동들을 대상으로 인간의 성장이라는 주제로 CSILE를 활용한 토론학습을 진행하였다. 이 수업을 통해 학습자들은 집단 구성원들의 상호 이해를 증진하기 위해 질문을 교환하고 공동의 가설을 세우고 폭넓은 자료를 수집하는 과학적 탐구과정을 진행하였다. 연구자들의 관심은 CSILE에서 지식의 구축과정과 탐구과정의 관련성, 과학에서의 진보적 토론의 역할, 학습자들의 이해를 증진하는 협력학습의 상황이었다. 이 연구를 통해 Bereiter 등(1997)은 CSILE의 탐구과정 지원은 학습자 자신의 지식에 대한 경험적 검증가능성(testability)을 높인다고 주장하였다.

CSILE가 문제해결 과정을 지원한다는 측면에서 Carr 등(2002)은 본과 3학년 의대생들을 대상으로 이비인후과 환자에 대한 문제해결 과정을 웹 기반 CSILE로 지원하였다. 전통적인 세미나 중심의 토론과 CSILE를 활용한 토론을 비교했으며, 현기증과 편도선이라는 주제에 대해 문제해결 과정의 사례를 중심으로 토론하였다. 그 결과 웹 기반 CSILE를 활용한 실험집단이 학습에 대한 효능감을 가지고 증세의 발견과 처방에 있어 발전된 해석을 하였다. 또한 컴퓨터를 활용한 토론을 즐기며 전통적 세미나에 비해 많은 시간을 토론에 투자하였다. 결국 CSILE에서의 활동을 통해 더 높은 문제해결력을 얻었다는 것을 알 수 있는 연구이다.

Cohen(1995)은 CSILE에서의 협력활동과 면대면 학습에서의 협력활동을 비교하는 연구에서 CSILE가 협력을 촉진하여 개인의 학습과 집단의 학습 모두에 좀더 나은 영향을 주었다고 분석하였다. 그는 초등학교 5, 6학년 30명의 아동들을 대상으로 중력, 위성, 혜성에 대한 탐구학습을 면대면 상황과 CSILE를 활용한 학습 환경으로 구분하여 수업을 진행하였다. 학습자들은 중력이 태양계에서 어떤 역할을 하며 자유낙하와 위성의 궤도, 혜성의 이동에 어떤 영향을 주는지 알아보기 위해 그룹 단위의 탐구활동을 하였다. 이 과정에 대해 연구자들은 학습자들의 인지적 성취도를 스펙트럼으로 나타내 비교하였으며 단순히 규칙을 적용하는지, 고차원의 문제해결 과정을 진행하는지 학습자의 인지적 수준을 분석하였다. 그 결과 면대면 학습에서의 학습자들은 개인학습에 치중했지만 CSILE 집단은 다른 학습자들의 인지적 활동을 돕는 데 기여하였다. 면대면 학습보다 CSILE를 활용한 학습이 공동의 문제해결 공간을 구축하고 타인의 학습을 위해 협력하는 태도를 보인 것이다. 결국 CSILE의 탐구과정 지원은 협력적 성찰을 촉진하기 위해 필요하다는 것을 알 수 있다.

전문가 모형을 제시하는 CSILE의 역할에 대해 Hewitt et al.(1998)은 대학원생들을 대상으로 개념모형 제작 중심의 탐구과정을 실시하였다. 그는 식물과 곤충, 열의 영향이라는 주제로 주 5일, 하루에 40분씩 모두 6주 동안 CSILE를 활용한 수업을 진행하였다. 이 연구는 개념의 이해를 지원하기 위해 CSILE에서 작성 가능한 knowledge map 작성 도구를 도입하였다. 이는 학습자들이 자신이 학습한 내용을 개념과 개념의 관계로 표현할 수 있는 그래픽 에디터이다. 학습자들은 이 도구를 활용하면서 DB 간의 연결 관계를 좀더 쉽게 파악할 수 있었고 노드와 링크를 적용해 개념을 조직적으로 표현할 수 있었다. 다른 학습자들의 개념모형을 비교 분석하면서 자신의 개념적 모순을 찾아내도록 한 것이다. 이처럼 탐구의 과정에서 CSILE는 구체적인 탐구 방법이나 전문가 모형을 제공함으로써 개인의 이해를 돕고 학습자들의 성찰을 촉진한다는 결과를 얻을 수 있었다. 이는 Burtice(1997)가 전문가 모형에 대한 DB의 연결형태를 복잡하게 제시한 경우, 학습자들의 지속적인 논쟁이 가속화되었다는 연구결과에서도 그 필요성을 발견할 수 있다.

Ⅲ

연구 방법 및 절차

1. 연구대상

1) 연구대상 선정

본 연구의 표집 대상은 서울 북부에 위치한 S초등학교 6학년 아동 중 무선적으로 선정된 48명(남: 26명, 여: 22명)의 아동이다. 이 학교는 서울 도심 지역에 위치하고 있으나 교육 시설, 환경 등이 평균적인 수준이다. 선정된 연구대상자들은 CSILE가 기초탐구과정을 지원(CSBIP)하는 집단, CSILE가 통합탐구과정을 지원(CSIIP)하는 집단, CSILE가 탐구과정의 수준을 구분하지 않고 지원(CSAIP)하는 집단에 각각 16명씩 무선 할당하였다.

2) 집단의 동질성 검증

과학과 배경지식, 인터넷 활용능력, 학습양식의 협력적 성향은 컴퓨터 지원 협력학습을 수행하는 데 필요한 조건으로 이들은 본 연구의 종속변인인 과학과 탐구력, 과학적 지식과 소양의 이해, 집단의 탐구상황 및 탐구모형에 영향을 미칠 수 있는 통제변수이다. 따라서 실험 연구를 실시하기 전에 연구의 대상인 CSBIP(기초), CSIIP(통합), CSAIP(전체) 집단의 동질성을 검증하기 위해 검사를 실시하였다.

과학과 배경지식 검사는 5학년 과학과 전체 단원을 대상으로 서울 교육과학원이 개발한 학력 평가지를 사용하였다. 인터넷 활용능력 검사는 이승희(2002)가 개발한 컴퓨터 활용 능력 검사에서 인터넷 활용에 관련된 영역만을 추출하여, CSILE 활용에 필요한 선수 기능을 측정할 수 있도록 수정하였다. 학습양식의 협력적 성향 검사는 Vermunt(1998)의 학습양식 검사에서 협력학습의 선호도를 측정하는 문항만을 추출하여 사용하였다. 학습양식으로서 협력학습에 대한 선호도는 학습자들이 협력활동에 임하는 태도 및 집단의 응집력에 영향을 주기 때문에 집단의 탐구학습 결과에 영향을 줄 수 있는 통제변인이다. 협력학습을 선호하는 학습자들은 개별학습을 선호하는 학습자들에 비해 협력학습의 성과가 높았다는 연구결과(김동식, 김지일, 2003)에 근거한다.

집단의 동질성 검사 점수의 평균 및 표준편차는 다음과 같다.

<표 Ⅲ-1> 집단의 동질성 검사 점수의 평균 및 표준편차

항목	전체		CSBIP(기초)		CSIIP(통합)		CSAIP(전체)	
	평균	표준편차	평균	표준편차	평균	표준편차	평균	표준편차
배경지식	14.65	2.38	14.13	2.55	14.19	2.14	15.63	2.45
인터넷활용능력	43.12	2.77	43.56	2.30	42.50	2.56	43.31	3.46
협력적 성향	34.80	2.35	34.38	2.42	34.38	2.19	35.63	2.45

세 집단의 검사별 평균 점수의 차이가 통계적으로 유의미한지 확인하기 위해 분산분석을 하였으며, 그 결과는 다음과 같다.

〈표 Ⅲ-2〉 집단의 동질성 검사에 대한 분산분석 결과

검사	분산원	자승화	자유도	평균 자승화	F값	유의도
배경지식	집단 간	23.04	2	11.52	2.03	.14
	집단 내	255.94	45	5.69		
	전 체	278.98	47			
인터넷 활용능력	집단 간	8.29	2	4.15	1.23	.30
	집단 내	151.63	45	3.37		
	전 체	278.98	47			
협력적 성향	집단 간	16.67	2	8.33	1.50	.23
	집단 내	249.25	45	5.53		
	전 체	265.92	47			

〈표 Ⅲ-2〉에서 보는 것처럼 CSBIP(기초), CSIIP(통합), CSAIP (전체)의 세 집단 간에 배경지식(F=2.03, p>.05), 인터넷 활용 능력 (F=1.23, p>.05), 협력적 성향(F=1.50, p>.05) 모두 유의미한 차이를 보이지 않았다. 따라서 세 집단은 과학과 배경지식, 인터넷 활용 능력 및 학습양식의 협력적 성향의 세 가지 측면에서 동질적이라고 할 수 있다.

2. 연구방법

CSILE에서 탐구과정을 지원하는 방식이 학습자들의 탐구력과 과

학적 지식의 이해, 과학적 소양의 습득, 집단의 탐구상황, 탐구모형에 미치는 영향을 밝히는 것이 본 연구의 목적이다. 독립변수인 탐구과정 지원의 세 가지 방식은 CSILE가 어떤 수준의 탐구과정을 지원하는 것이 학습자들의 탐구활동을 유의미하게 하는지 알아보기 위해 설정하였다. 종속변인 중의 하나는 탐구과정의 지원방식이 개인의 학습결과에 어떤 영향을 주었는지 알아보았다. 이는 세 집단의 학습결과 및 과정을 양적으로 비교하는 것이다. 여기서 학습결과의 분석은 개인의 탐구력을 측정하여 집단의 평균을 비교하는 것이며, 학습과정의 분석은 학습자 간의 인지적 담화 중 과학과 영역 지식에 관련된 담화를 개념의 이해 정도에 따라 계량화하였다. 특히 후자는 통합연구 모형(Tashakkori & Teddlie, 2001)인 Chi(1997)의 담화분석(verbal analysis)에 따라 분석하였다. 통합연구 모형은 질적 연구와 양적 연구의 단점을 보완하여 현상이나 사건의 일면이 왜곡되는 것을 방지하는 방법이다(이승희, 2002). 본 연구는 고차적 인지 활동인 탐구과정을 다루었기 때문에 자료 수집의 방법은 질적인 접근을, 자료 분석은 양적인 접근을 병용하였다. 자료 수집 과정에서는 연구자의 주관적 판단오류를 최소화하기 위해 삼각측정법을 활용하였으며, 질적 자료를 계량화하는 과정에서 발생할 수 있는 의미의 누락이나 자료 해석의 오류를 줄이기 위해 전문가 2인의 검토를 받았다.

종속변인에 대한 다른 하나의 측면은 개인이 아닌 집단의 탐구과정 및 결과를 분석하는 것이다. 지금까지의 협력학습 연구에서 집단의 성취 결과를 분석한 경우가 드물었다(Stahl, 1999). 대부분의 연구에서 집단의 학습 성과를 측정한다는 것이 개인의 학습 성과를 합산하여 그 계량적 평균을 비교하는 것이었다. 그러나 본 연구는 학습자들이 협력적 활동을 통해 수행한 집단의 탐구과정을 하나의 개념적 모형으로 도출하고 이를 비교하였다. 집단의 탐구과정은 학습자 개인의 복잡한 인지활동이 다른 학습자들의 인지활동에 영향을 주는 상황이다. 앞서 설명한 종속변인이 개인의 학습효과를 측정하는 것이라면 집단을 대상으로 하는 종속변인은 이러한 집단의 인지활동에 영향을 주는 외부적 요인을 분석하는 것이 목적이다. 집단의 인지과정에 영향을 주는 상황적 맥락과 사건의 인과관계를 살피고 구체적으로 어떤 상호 작용이 오갔는지 학습의 장면을 관찰하였다. 결국 시간에 따라 변하는 집단의 인지적 상호 작용을 개념모형으로 제시하고자 하는 것이다. 이를 위해 Strauss와 Corbin(1997)의 근거이론(grounded theory)을 적용하였다. 그 집단별 모형을 비교하여 학습의 상황, 즉 학습이 진행되는 절차를 확연히 구분할 수 있었으며, 삼각측정법과 반복적 코딩을 통해 자료 분석의 신뢰도를 확보하려고 하였다. 보다 구체적으로 본 연구를 통합연구 및 실험연구와 질적 연구로 구분하여 제시하면 다음과 같다.

1) 통합연구 설계

본 연구에서 설정한 독립변인은 CSILE의 탐구과정 지원방식이며 첫 번째 연구문제와 관련하여 알아보고자 하는 종속변인은 탐구력, 과학적 지식의 이해, 과학적 소양의 습득이다. 이 중에서 탐구력은 지필 평가의 결과에 대한 양적인 검증만을 하였으나 과학적 지식과 소양에 대한 이해는 질적인 자료 수집 및 분석의 결과를 토대로 통계적인 검증을 하였다.

과학적 지식에 대한 이해와 과학적 소양의 습득은 Schwab(1962;
Ford, 1999에서 재인용)에 의해 제시된 과학과 탐구학습의 대표적인
평가 기준이다. 그는 과학과 탐구학습에 대한 기존의 연구가 단편적인
지식의 양을 측정하는 것에 반대하여 과학이 중점을 두어야 할 평가
기준의 대안을 제시하였다. 이 중에서 과학적 지식의 이해를 평가한다
는 것은 탐구 주제에 대해 알아야 할 기본적인 개념적 틀을 학습자가
어느 정도 형성했는지 측정하는 것이다. 이는 해당 단원의 과학적 지
식을 개념적 틀로 구조화하고 학습자들이 이를 얼마나 이해했는지 그
깊이를 측정하는 과정이다. 반면에 과학적 소양의 습득은 학습자들이
사회적, 자연적 현상을 탐구할 때 갖추어야 할 기본적인 기능을 습득
하였는지, 이를 활용하는지, 탐구의 형식 자체를 이해하였는지를 의미
한다(Eisenhart, Finkel & Marion, 1996). 이를 측정한다는 것은 과학
을 연구하는 태도와 기능을 갖추고 이전의 탐구 경험을 바탕으로 일상
의 문제에 직면하여 과학적인 접근을 할 수 있는지를 분석하는 것이
다. 결국 과학적 소양을 습득하였다는 것은 탐구과정의 수행을 통해
학습자들이 주장과 증거를 연결하고 이를 논리적으로 설명하여 합의
하는 능력을 갖추었는지, 이러한 절차를 이해했는지를 뜻한다(Ford,
1999). 과학적 지식과 소양의 습득은 과학과 탐구학습을 연구하는 경
우, 살펴야 할 영역으로 필요성이 강조되나 그 측정의 난해함과 해당
교과내용에 대한 깊은 사전 지식이 요구되므로 연구자들에게는 어려
운 과제로 인식되어 왔다(Ford, 1999; Shapiro, 1994).

이러한 과학적 지식의 이해와 과학적 소양의 습득에 대한 자료를
수집하고 분석하기 위해 Chi(1997)의 담화분석을 활용하였다. 담화분
석은 질적인 방법과 양적인 방법을 절충한 통합적 분석 방법으로 과

학적 지식의 이해와 소양의 습득을 측정하는 데 유용한 방법이다. 이는 학습자들의 담화에서 집단의 인지과정을 분석하는 방법이며 단순히 연구자가 원하는 범주의 단어가 그 집단에서 몇 번 등장했는지, 어떠한 목표와 관련된 활동이 몇 번 나타나는지 그 빈도를 비교하는 것이 아니다. 특정한 범주를 사전에 정해두지 않고 어떠한 이해의 과정이 진행되는지를 분석하는 것이며, 학습자들이 수행한 과학탐구의 형태를 규명하고자 하는 것이다. 즉 연구에서 의도하는 처치변인인 탐구과정의 지원방식에 따라 무엇을 배웠는지 학습자들의 인지구조에 어떤 영향을 주었는지 분석한다. 대표적인 분석의 기법은 학습자들의 이해 수준을 구분하기 위해 스펙트럼 등의 도식을 이용하여 이해의 깊이를 나타내는 방식이 있으며 이외에도 대부분의 분석기법이 인지적 변화의 결과를 정량화된 도식으로 표현한다.

집단의 추론 과정을 분석하는 경우를 예로 들어보자. 추론은 교수자가 제시한 설명이나 개념 이외에 학습자가 스스로 추측해낸 개념이라고 할 수 있다(Schwab, 1978). 만약 특정한 사물이 타원형이라고 제시했을 때 학습자가 그 사물이 잘 튀어 다닐 것이라고 설명한다면 주어진 단서 이외의 사실을 말한 것이다. 이를 양적으로 분석하는 방법은 그 추론의 깊이를 분석하는 것이다. 어떤 학습자들은 타원이라는 특성에 대해 매끄럽다는 추론을 하고 또 다른 학습자들은 규칙적으로 굴러다니지 않을 것이라고 추론을 했을 때 후자의 경우가 더 높은 수준의 추론을 한 것이다. 이때 추론의 깊이를 각각 1과 2로 정량화할 수 있다. 또는 매끄럽다는 추론에 대해 다른 학습자가 매끄럽기 때문에 손에서 잘 미끄러질 것이라고 생각한다면 역시 전자의 추론에 비해 발전된 추론을 한 경우이다. 이처럼 담화분석은 이해의 수준을 측정하는 데 사용될 수 있다.

분석의 일반적인 절차는 8단계로 나누어지는데 연구문제에 따라 그 절차의 일부를 생략할 수도 있다. 특히 어떤 담화 자료를 분석할 것이냐는 연구문제의 종속변인에 따라 달라진다. 본 연구는 CSILE의 지원방식에 따라 개인의 과학적 지식의 이해와 소양의 습득에 대한 인지적 발달 과정을 개념모형으로 도식화하여 이 수준의 정도를 양적으로 비교하였다. 개인이 추론한 개념의 연결 관계를 정량화하여 비교하는 것이다. 이를 위해 담화분석의 일반적인 절차에 따라 다음과 같은 분석 과정을 따랐다.

담화의 내용을 추출하고 집단의 인지과정과 관련된 담화만을 선택한다.

선택된 담화의 내용을 분석단위에 따라 나눈다.

코딩의 범주를 개발하고 범주화에 대한 일련의 규칙을 정한다.

범주에 맞는 담화의 예들을 추출하여 종류별로 묶는다.

추출한 예들의 규칙성(pattern)을 찾기 위해 도식으로 표현한다.

도식을 통해 찾아낸 규칙성을 양으로 표현한다.
(예: 개념들의 연결구조를 노드와 링크로 표현하는 경우 링크의 수를 계산)

정확한 규칙성을 찾아냈는지 타당도를 분석한다.

연구문제를 충분히 설명했는지를 평가하여 다시 전체의 과정을 반복한다.

[그림 Ⅲ-1] 담화분석의 과정

2) 실험연구 설계

CSILE 프로그램이 탐구과정을 지원하는 유형에 따라 아동들을 세 집단에 무선 배치하였다. 실험집단 1은 CSILE가 기초탐구과정을 지원하는 경우이다. 실험집단 2는 CSILE가 고차원의 탐구과정을 지원하는 경우이다. 마지막으로 비교집단 3은 CSILE가 저차원과 고차원의 탐구과정을 모두 지원하는 경우이다. 본 연구에는 총 48명의 학습자가 참여했으며 각각의 집단에 16명씩 무선 할당하였다. 탐구력의 검사와 담화분석을 통해 얻은 과학적 지식의 이해와 소양 습득의 결과를 통계적으로 검증하기 위한 실험 설계는 다음과 같다.

〈표 Ⅲ-3〉 실험 설계

G_1	R	X_1	O
G_2	R	X_2	O
G_3	R	X_3	O

R: 무선 배치
G_1: CSILE에서 저차원의 기초탐구과정을 수행한 집단(실험집단 1)
G_2: CSILE에서 고차원의 통합탐구과정을 수행한 집단(실험집단 2)
G_3: CSILE에서 저차원과 고차원의 탐구과정을 모두 수행한 집단(비교집단)
O: 사후검사(탐구력, 과학적 지식의 이해, 과학적 소양의 습득)
X_1: 기초탐구과정을 지원하는 CSILE 프로그램
X_2: 통합탐구과정을 지원하는 CSILE 프로그램
X_3: 기초와 통합 탐구과정을 모두 지원하는 CSILE 프로그램

3) 질적 연구 설계

본 연구의 연구문제 2와 3을 살펴보기 위해 CSILE의 탐구과정 지

원방식에 따른 집단의 탐구상황과 탐구모형을 분석하였다. 탐구상황의 분석은 과학교육의 성취 수준을 평가하는 전통적인 기준으로 NAEP(2000)가 정한 과학 평가틀(coding scheme)을 적용하였다. 미국 전역을 대상으로 한 교육 성취의 수준을 조사하여 그 결과를 국가에 보고하는 NAEP는 연령별로 10개 분야에 걸친 교육성과를 분석한다. 이 중에서 과학과목 평가 준거의 하나인 탐구상황은 학습자들이 과학지식의 이해를 위해 어떤 탐구의 활동을 했는지를 설명하는 자료이다. 탐구상황은 일반적으로 4개의 영역으로 구분되지만 본 연구에 맞게 하위 영역별로 그 기준을 세분화하였다. 세 가지의 탐구과정 지원방식에 따라 어떤 종류의 메시지가 오갔는지를 분석하였으며, 이들 메시지는 탐구상황의 분석틀에 따라 양적 자료로 변환하여 집단 간의 차이를 밝히는 데 사용하였다. 학습자들이 CSILE에서의 탐구과정을 하며 어떤 상황의 활동을 했는지를 메시지 분석을 통해서 규명하는 것이다.

탐구모형은 학습자들이 탐구기능을 활용하며 과학의 개념이나 원리를 발견하는 절차나 과정을 의미한다(Schwab, 1978). 본 연구는 학습자들이 협력적 탐구활동을 수행하는 과정을 알아보고자 하였으며, 탐구모형의 개념을 확장하여 탐구과정에 영향을 주는 외부의 요인과 환경, 학습자 개인의 사회적 활동, 인지적 활동을 상황과 맥락이라는 기준에 따라 도식으로 나타내었다. CSILE에서의 활동은 학술절차에 따른 지식구축의 상호 작용이 활발하게 진행된다. 이러한 CSILE에서의 탐구과정을 분석하기 위해서는 총체적이고 맥락적인 접근, 현장지향적이고 관찰에 의한 정보의 해석이 가능한 연구, 학습자들의 느낌을 공유하고 왜 그들이 그런 식으로 행동할 수밖에 없었는지를 맥락에 근거해 살펴볼 다각적인 접근 방법이 요구된다. 결국 상세한 묘사나 경험적 이해를 바탕으로 연구자 스스로가 분석도구가 되어 사고의 과정과 학습을 진행하는 과정을 다각적으로 측정 및 분석, 해석할 필요가 있다. 이러한 이유로 Strauss와 Corbin(1998)의 근거이론(grounded theory)을 적용하였다.

근거이론은 어떤 사건으로 인한 현상의 변화를 상황과 맥락, 인과관계를 분석하여 체계적으로 설명하려는 질적 연구의 한 방법이다. 근거이론의 분석 단계는 첫째, 근거이론의 준거에 따라 먼저 분석단위를 결정한다. 본 연구에서의 분석단위는 문장으로 정하였다. 둘째, 분석단위별로 CSILE의 활동과 면대면 학습의 활동을 통해 수집한 자료를 개방적 코딩(open coding)한다. 개방적 코딩은 사전에 정해진 범주 없이 연구자의 경험을 바탕으로 범주를 추출하고 분석단위에 따라 그 이름을 정하는 과정이다. 관찰 내용을 면밀히 검토하고 지속적으로 비교, 분석하여 개념을 명명하고 유사한 개념끼리 모아 축약성(abstraction)이 높은 범주로 정리한다. 그 다음 이론적 포화현상이 일어날 때까지 관찰을 지속한다. 이론적 포화현상이란 관찰된 현상에 대해 더 이상의 범주 설정이 어려운 상태를 의미한다. 반복적인 개방적 코딩을 통해 한 단계 높게 축약할 수 있는 상위범주를 추출한다. 셋째, 이를 인과적 조건(casual condition), 맥락(context), 중재상황(intervening condition), 전략(action strategy), 결과(consequence)로 분류하여 이들의 속성을 연결짓는 중심축을 찾는다. 범주의 영역별 연결 고리를 찾는 것이다. 이러한 과정을 중추적 코딩(axial coding)이라 하며 근거분석의 가장 핵심적 단계이다. 근거이론에 따르면, 인과적 조건이란 현상이 발생하고 전개되고 발전되는 일정한 인과적 관계를 살필 때 발견되는 선행사건, 즉 현상이 일어나도록 만든 모든 원인을 의미한다. 맥락이란 현상이 이루어지는 배경이며 그 현상을 설명하는 속성들과 구조적으로 연관된 조건이다. 중심 현상이란 핵심적 관념이 존재하는 사건이며 주어진 상황에서 일련의 전략을 통해 해결하려고 노력하는 대상을 가리키거나 목표를 성취하는 과정을 의미한다. 중재상황이란 현상과 관련된 광범위한 구조적 상황을 의미하며 주어진 상황 혹은 맥락에서 전략을 촉진하거나 억제하는 방향으로 작용하는 범주를 말한다. 전략이란 일정한 상황 또는 맥락 속에 존재하는 현상을 조절하거나 대처하려는 개인 혹은 집단의 상호 작용이다. 즉 학습자들이 중심 현상을 제어하기 위해 적용하는 일련의 방안을 의미한다. 결과란 전략을 통해 문제가 해결된 상태를 나타낸다. 결과는 각 집단의 중심 현상이 전략이라는 대응책을 통해 어떤 성과로 이어졌는지를 설명한다. 넷째, 중추적 코딩을 통해 탐구과정의 중심 현상인 핵심범주를 찾아내 각 범주들의 관계를 분석하였다면, 자료들을 대조하여 그러한 관계들의 유형을 찾아내고 기술하는 선택적 코딩(selective coding)을 한다. 마지막으로 선택적 코딩을 통해 일련의 인과관계를 설명하는 이야기[4]가 구성되면 각 범주 사이에 나타나는 반복적인 관계를 정형화하는 유형 분석을 통해 기본적인 모형을 구축하는 이론적 코딩을 한다. 이론적 코딩은 관찰 분석된 탐구과정의 특징을 개념모형으로 표현하는 과정이다. 이 과정을 통해 현상을 설명하는 탐구모형이라는 개념모형을 추출하고 CSILE 지원

---

4) 이야기(story line)는 관찰된 현상의 핵심적인 문제가 무엇인가를 밝혀내기 위해 관찰 결과를 가상의 이야기로 기술한 것이다. 근거자료를 반복하여 검토함으로써 일반적인 의미를 파악하는 과정이라고 근거이론은 설명한다.

방식에 따라 이러한 개념모형의 유형이 어떻게 달라지는지 비교 검증하였다. [그림 Ⅲ-2]는 근거이론의 절차를 도식으로 나타낸 것으로, 개방적 코딩에서 이론적 코딩까지 관찰 분석된 자료의 의미를 점차 축약한다는 의미로 원의 외부에서 핵심으로 분석과정이 진행된다는 것을 나타낸다.

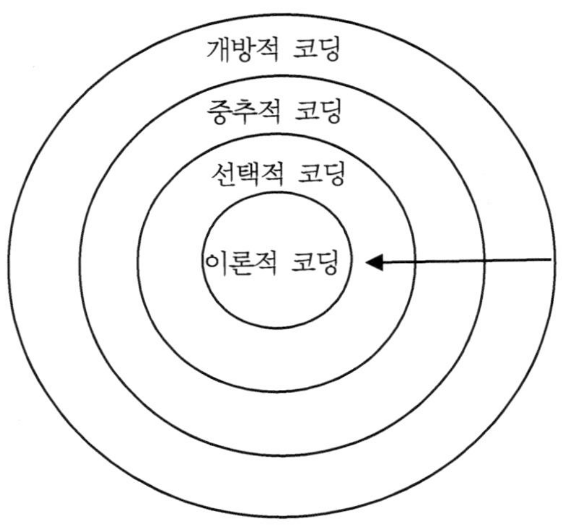

[그림 Ⅲ-2] 근거이론의 분석과정

3. 연구 절차

본 실험에 들어가기 전에 서울 J초등학교 6학년 아동 8명을 대상으로 연구도구의 타당성을 점검하기 위해 2004년 3월 8일부터 1주일 동안 예비실험을 하였다. 사용된 연구도구에 대해 실험 대상자들의 반응을 조사했으며, 예비실험 중에 문제가 된 용어 등이 아동들의 수준에 적합하도록 CSILE를 수정·보완하였다. 또한 자료 분석의 타당성을 확보하기 위해 관찰, 삼각측정 등을 수행할 교사 및 튜터들에게 코딩자료를 수집하고 정리하는 범주화 작업을 병행하였다. 관찰자 간 평정의 신뢰도를 확보하기 위해 예비실험의 기간을 포함하여 2주 동안 CSILE 학습 상황을 대상으로 전사자료 40건을 추출하여 근거이론에 바탕을 둔 개방적 코딩과 중추적 코딩을 실시하였다. 이 자료는 연구자가 과거에 수행한 연구 자료(김동식, 김지일, 2003)를 대상으로 하였다. 평정자 간 합치도가 90% 이상이 될 때까지 2번에 걸쳐 코딩작업을 실시하였으며 평정자 간 최종 코딩 결과에 대한 Pearson 상관계수를 구하여 .72의 높은 상관도를 얻었다.

사용된 연구방법 및 도구에 대해 예비 실험자들과 평정자들의 의견을 수렴하여 CSILE 프로그램의 탐구과정 수준과 조밀도, 링크 등을 변경하였다. 검사도구에 대해서는 대학기관의 연구원 2명에게 의뢰하여 검사의 방법을 수정·보완하였다. 이러한 과정이 완료된 후 서울 S초등학교 6학년 아동 중 48명을 선정하여 각각 CSBIP(기초) 집단과 CSIIP(통합) 집단, CSAIP(전체) 집단에 무선 배치하였다. 자연적인 집단 구성으로 인한 집단 간의 차이를 검증하기 위해 본 실험을 시작하기 전에 집단의 동질성 검증을 하였다.

본 연구를 위한 실험 및 관찰 등의 자료 수집은 2004년 3월 23일부터 4월 20일까지 4주간 실시하였다. 실험이 시작되기 전 1주일 동안 각 집단의 연구대상자들이 학습 프로그램에 적응할 수 있도록 기체의 성질이라는 주제로 간단한 지식구축 활동을 실시하였다. CSILE 프로그램의 기능을 완전히 익힐 수 있도록 면대면 수업에서는 프로그램 사용의 예를 설명하였다. 연구결과의 외적 타당도에 영향을 줄 수 있는 신기성 효과를 줄이기 위해 프로그램 사용 방법에 대해 충분히 익숙해질 수 있는 교실에서의 실습을 강화하였으며 프로그램의 사용법을 질문할 수 있는 FAQ 코너를 웹에 마련하여 프로그램의 활용법을 지속적으로 안내하였다. 본 연구의 기간 동안 세 집단 모두에게 지도 교사의 학습 안내가 제공되었으며 학습자들은 CSILE에서 탐구한 결과를 공동의 보고서로 작성하였다. 본 연구의 연구 절차를 도식화하면 [그림 Ⅲ-3]과 같다.

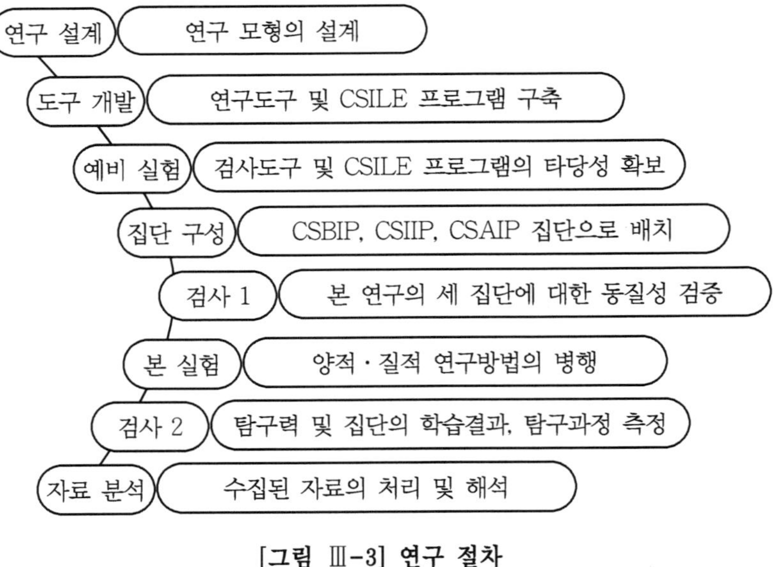

[그림 Ⅲ-3] 연구 절차

4. 연구 분석의 틀

본 연구에 사용된 도구는 과학과 탐구과정을 지원하는 CSILE 프로그램, 집단의 동질성 검사와 효과 분석을 위한 검사이다. 집단의 동질성 검사는 과학과 배경지식 검사, 인터넷 활용능력 검사, 학습양식의 협력적 성향 검사이다. 효과 분석을 위한 검사는 과학과 탐구력 검사와 Chi(1998)의 담화분석, Ford(1999)가 제시한 개념적 이해의 분석틀을 사용하였다. 또한 탐구상황의 분석은 NAEP(2000)이 제시한 탐구상황의 메시지 분석틀을, 탐구모형의 도출은 Strauss와 Corbin(1997)의 근거이론 절차를 따랐다.

1) CSILE 프로그램

(1) 학습내용 분석

학습내용은 제7차 교육과정의 과학과 6학년 1학기 2단원 지진이다. 이 단원에서는 지진이 발생했을 때의 여러 가지 현상을 조사하고 지진의 피해를 줄이는 방법을 학습한다. 그리고 우리나라와 세계 여러 곳에서 발생한 큰 지진을 조사하고 그 위치를 알아본 다음, 지구 내부의 힘에 의해서 지층이 휘어지고 어긋나는 현상에 대해 학습한다. 심화과정에서는 지진계의 원리에 따라 직접 간이 지진계를 고안하여 만들어 보도록 하였다. 초등학교 과학교과 전담교사 2인의 검증을 받아 교과의 내용을 CSILE에서의 탐구과정에 맞게 조직하였다. 탐구과정의 요소에 따라 세분화된 학습내용의 구성은 〈표 Ⅲ-8〉과 같다.

상세한 학습내용의 조직과 지도안은 [부록 5]와 [부록 6]에 있다.

<표 Ⅲ-4> 학습내용 구성표

기간	주제	학습목표	학습내용
1주	지진 조사 및 분석	· 지진의 발생에 대해 다양한 방법으로 조사하기 · 지진의 피해를 줄일 수 있는 방법을 탐구하기	· 지진의 개념과 의미, 지진의 피해 실태 파악, 지진 발생 사례의 조사 · 지진의 피해를 줄이기 위한 다각적인 노력 탐구
2주	지진이 발생한 위치	· 최근 큰 지진이 발생한 곳을 지도에서 찾고 분석하기 · 우리나라가 지진 발생의 지역이라는 사실을 인식하기	· 세계 여러 곳의 지진 발생 사례 조사 및 분석하기 · 우리나라의 지진 발생 역사를 탐색하고 대비책을 분석하기
3주	지층의 휘어짐과 어긋남	· 지층이 어긋나고 휘어지는 원인을 탐구하기 · 모형 탐구를 통해 지진이 어떻게 일어나는지 탐색하기	· 지층의 휘어짐과 모형을 실험하고 실제 휘어진 지층을 비교하기 · 지층의 어긋남 모형을 실험하고 실제의 지층과 비교하기
4주	간이 지진계 만들기	· 지진 발생 시의 떨림 현상을 이용한 간이 지진계의 원리 이해 · 학습자들의 탐구력을 활용하여 간이 지진계 만들기	· 일반 지진계의 원리 · 간이 지진계의 고안 및 설계를 위한 탐구활동

(2) CSILE 프로그램의 개요

본 연구에 사용된 CSILE 프로그램은 캐나다 온타리오 대학에서 설계하고 Learning in Motions Company에서 개발한 Knowledge Forum 4.5이다. 연구자는 2002년 12월에 본 연구의 계획서를 온타리오 대학 인지과학 연구소에 제출하여 1개월간의 심의를 거쳐 6개월 간의 사용허가를 받아 사용하였다. 이후 온타리오 대학 프로그램 개발자의 도움을 받아 2003년 10월 중 H대학의 인터넷 서버에 실험용 CSILE를 재구축하였다. 이 프로그램의 동영상 서버 과부하 문제와 같은 기술적 결함을 해결했고 현재, 메뉴의 한글화 작업을 온타리오 대학과 공동 연구 중이다.

본 프로그램의 인터페이스는 영어로 되어 있으나 대부분 Knowledge, Note, View, Theory, Author, Search 등의 쉬운 단어들이다. 이러한 인터페이스는 모두 그래픽의 형태로 제공되므로 예비실험 결과, 초등학교 학습자들이 사용하는 데 큰 불편함은 없었다. 그러나 초등학교 아동에 맞는 별도의 한글 도움말을 제작하여 20여 가지의 기능을 안내하였다. 연구목적에 맞게 CSILE의 구성요소를 과학과 탐구과정을 안내할 수 있도록 탐구과정 지원 환경으로 구현하였다. 본 프로그램의 주소는 http://www.docmaker.org이며, 사용자 인증을 거치면 해당하는 집단의 학습화면으로 이동한다. 방문하여 프로그램의 기능이나 실험의 결과를 살펴보고자 하는 경우, 아이디와 패스워드 동일하게 visitor를 입력하면 된다. 학습자들은 CSILE에서 [그림 Ⅲ-4]와 같은 활동을 하였다. 이러한 활동은 학습자들이 공동의 문제를 해결하기 위해 탐구 계획을 세우고, 정보를 수집하여 지식을 습득한 다음, 자신이 이해한 결과를 다른 학습자들과 검증해가는 공공의 지식구축 과정이다.

- 공동의 탐구계획을 세우고 문제를 해결해 나간다.

- 정보를 수집하여 노트에 기록한다.

- 각각의 노트에 다양한 멀티미디어 자료를 첨부할 수 있다.

- 동료들에게 학습자 개인이 이해한 지식을 설명한다.

- 노트들을 연결하여 학습자들의 생각을 구조적 지식으로 표현한다.

- 학습자들이 탐구한 정보와 이끌어낸 생각들을 중심으로 이론을 만들어 간다.

- 동료들의 의견이나 생각을 수정해주고 더 나은 공동의 이론을 이끌어낸다.

[그림 Ⅲ-4] CSILE에서의 학습자 활동

CSILE에는 다음과 같은 기능이 있다. 첫째, 인용하기(quoting)를 통해 동료의 글을 자신의 글에 인용할 수 있다. 둘째, 발전시키기(building on)를 통해 동료의 글에 자신의 생각을 덧붙여 발전된 글로 만들 수 있다. 셋째, 공동저술(co-authoring)의 기능을 통해 여러 사람들이 함께 하나의 글을 협력하여 작성할 수 있다. 넷째, 의견 제시하기(annotating)의 기능을 통해 다른 사람의 글에 대해 자신의 의견을 덧붙일 수 있다. 다섯째, 종합하기(rise above)의 기능을 통해 다른 사람들의 글을 모아 하나의 글로 종합할 수 있다. 여섯째, 출판하기(publishing)의 기능을 통해 학습자들이 협력하여 작성한 글을 하나의 보고서로 출판할 수 있다. 일곱째, 스캐폴드(scaffolds)의 기능을 활용해 학습자 자신이 설명하고자 하는 이론을 어떤 의도로 작성하는 것인지를 스스로 확인할 수 있다. CSILE의 세부적 기능은 다음과 같다.

가. 뷰(view)

뷰는 학습자들의 생각을 범주화하기 위한 도구이다. 뷰는 학습자들의 토론 내용을 주제별로 분류하고, 한 가지 탐구과정에 집중하도록 한다. 이는 마치 Bell(2002)의 탐구학습 프로그램인 'sense maker'가 가진 논쟁의 주제별 분류 기능과 동일하다. 즉 동일한 주장과 이를 뒷받침하는 증거 자료들을 하나의 공간에 모으도록 하는 기능이다. 학습자들은 같은 주장에 관련된 자료들을 분류함으로써 논쟁의 흐름을 인지하게 된다.

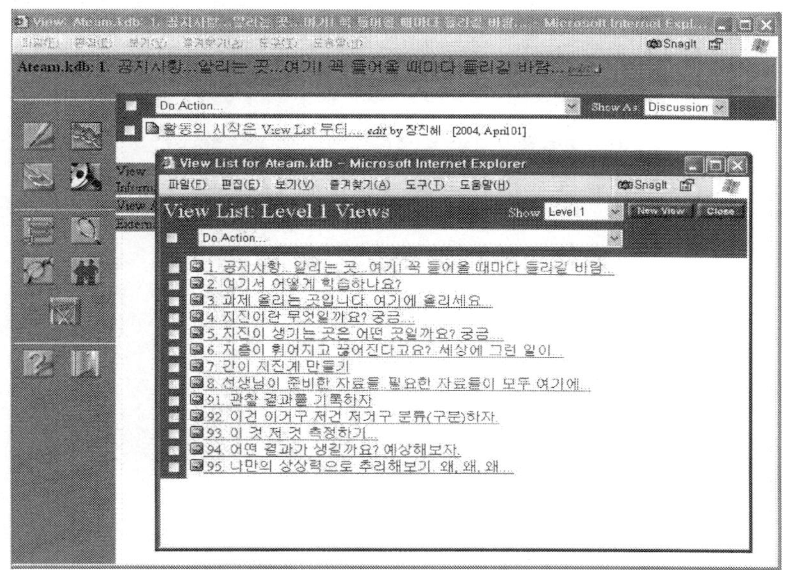

[그림 Ⅲ-5] 뷰의 목록

나. 노트(note)

CSILE는 발전된 하이퍼미디어 프로그램이다. 여기서 낱개의 노트는 지식을 담는 하나의 노드에 해당한다. 학습자들은 자신이 이해하고 주장하는 바를 이곳에 설명한다. 하나의 지식이 담겨진 노트는 다른 노트와 연결됨으로써 의미망(semantic network)으로 조직될 수 있다. 그래서 노트 안에는 다른 노트와 연결할 수 있는 다양한 첨부(reference)의 기능이 있다. 다양한 종류의 멀티미디어 자료를 첨부할 수 있고, 외부의 사이트를 연결할 수도 있다. 특히 다른 노트나 뷰로 연결하거나 다른 노트를 자신의 글 안에 삽입하는 기능이 가장 대표적이다.

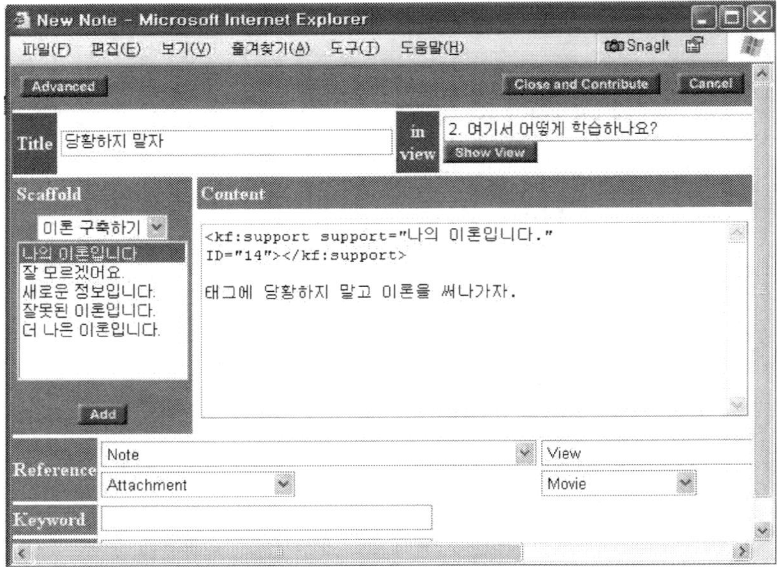

[그림 Ⅲ-6] 노트 작성의 예

다. 빌드온(build-on)과 의견 달기(annotate)

빌드온은 생각을 발전시키기 위한 도구이다. 일반적인 게시판과 비교하면 응답글을 다는 것에 해당한다. 그러나 빌드온은 다른 사람의 주장이나 생각을 발전시키고자 하는 경우에만 사용하도록 해야 한다. 학습자들은 다른 사람의 주장에 자신의 생각을 덧붙여 발전된 이론으로 재가공해야 한다. 응답글은 주장이나 이론에 대한 간단한 커멘트나 사회적 상호 작용에 해당하는 비인지적 담화를 지칭한다. 이러한 용도의 응답을 위해서는 의견 달기를 활용해야 한다. 의견 달기는 학습자들의 상호 작용을 촉진하고 효율적인 논쟁이 가능하도록 인지적 상호 작용인 빌드온에 비해 노트 안에 숨겨져 있다. 노트의 작성을 인지적 활동의 결과로만 유인하고자 하는 의도이다. 의견 달기와 기능을 분리하는 것은 학술적 논쟁만으로 뷰를 정리하여 인지적 논쟁의 흐름을 관찰하기 용이하게 한다.

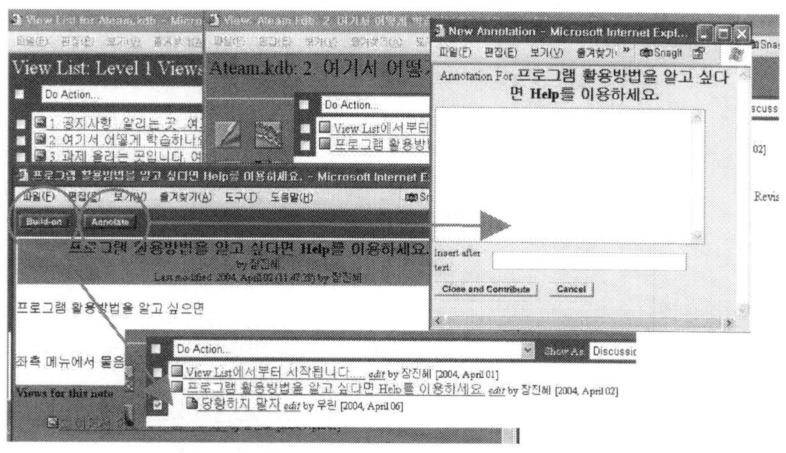

[그림 Ⅲ-7] 빌드온과 의견 달기의 비교

라. 공동저술(co-authoring)

공동저술은 CSILE의 핵심적인 기능이다. 기존의 게시판에서는 이미 작성된 글을 수정할 때, 해당 작성자만이 수정 가능하도록 하여 공동저술이 용이하지 않았으나 CSILE는 글의 작성 권한을 공유할 수 있도록 하였다. 이는 보통 노트를 작성할 시점에 저자가 이 노트를 공동저술할 것인지를 결정하여 누구에게 수정 권한이 있는지를 명시하도록 한 것이다. 뷰 안에서는 해당 노트의 작성자가 모두 명시되므로 이 노트의 저술에 참여한 저자가 누구누구인지 쉽게 확인할 수 있다.

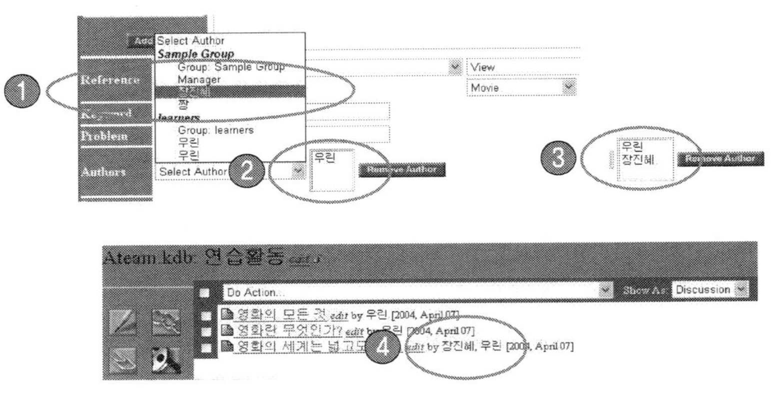

[그림 Ⅲ-8] 공동저술을 명시하는 절차

마. 종합하기(rise-above)

빌드온은 하나의 노트를 발전시키는 작업이다. 그러나 종합하기는 여러 개 노트가 주장하는 생각을 종합하여 발전된 하나의 새로운 노트로 만드는 작업이다. 발전시킬 노트가 하나냐, 여러 개냐의 차이로 구분할 수 있다. 종합하기는 이처럼 여러 사람의 의견을 한 사람의

학습자가 종합하여 하나의 발전된 이론으로 완성하도록 한다. 자신의
주장이 다른 여러 학습자들의 주장을 근거로 하는 경우에 종합하기
의 기능을 사용하며, 다른 학습자들은 종합하기로 작성된 노트를 읽
는 중에 근거로 연결된 다른 사람들의 주장을 쉽게 찾아볼 수 있다.

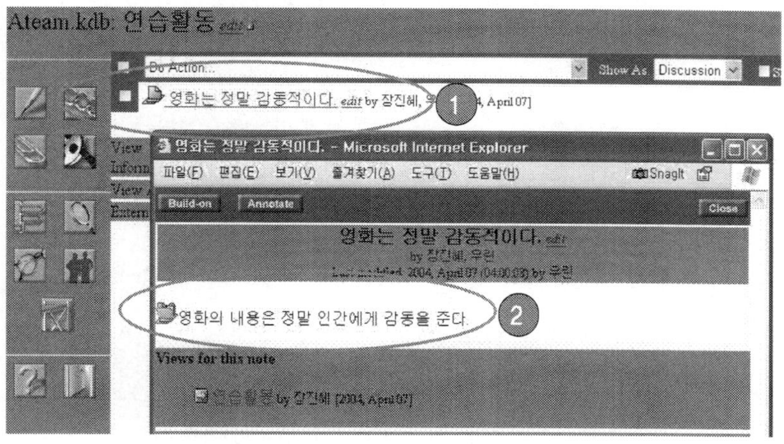

[그림 Ⅲ-9] 종합하기로 작성된 노트의 예

바. 스캐폴드(scaffolds)

스캐폴드는 일반적으로 태그로 알려진 주장의 속성에 대한 구분자
이다(Hewitt, 2002). 태그는 의도학습의 이론에 따라 학습자들이 자
신이 사고하는 과정이 어떤 의도로 진행되는지를 인식하도록 돕는
기능을 한다. 태그라는 이름이 붙게 된 것은 학습자들이 노트를 작성
할 때 자신의 의견은 이러한 의도로 작성되었다고 명시하는 작업을
간단한 클릭만으로 할 수 있게 한 것과 관련된다. 메뉴를 클릭하면
자신의 의도에 해당하는 문구가 HTML 태그로 문서에 자동으로 삽

입되기 때문이다.

CSILE에서의 스캐폴드는 이론의 구축을 위한 태그와 견해를 밝히기 위한 태그로 구분되며 노트 작성 중에 자신의 글에 의도를 명시하도록 한 규약이다. 그래서 CSILE의 사용자는 글을 작성할 때 이 태그를 이용해야 한다. 이론 구축을 위한 태그는 새로운 주장을 하기 위해 사용하는 '나의 이론입니다', 이해가 안 되는 부분에 첨부하는 '잘 모르겠어요', 새로 얻게 된 정보에 표시하는 '새로운 정보입니다', 동료의 의견 중 틀렸다고 생각하는 부분에 붙이는 '잘못된 이론입니다', 기존의 의견보다 발전된 이론이 있으면 붙이는 '더 나은 이론입니다'의 다섯 가지로 나눌 수 있다.

반면에 견해 밝히기의 태그는 일반적으로 논쟁을 촉진하는 역할을 한다. 이는 자신의 의견이 토론에 대해 어떤 견해인지를 명시하는 것이다. 견해 밝히기의 태그는 상대방의 의견에 대해 찬성인지 반대인지를 명확히 하기 위해 붙이는 '찬성, 반대', 자신이 그렇게 주장한 이유를 밝힐 때 쓰는 '이유는', 자신이 주장한 의견에 대해 증거나 사례를 붙일 때 쓰는 '증거는, 사례는', 자신의 주장에 대한 요약을 할 때 쓰는 '결론은', 자신의 주장에 대해 더 자세히 설명하고자 할 때 쓰는 '더 자세히 말하면'의 일곱 가지로 나눌 수 있다.

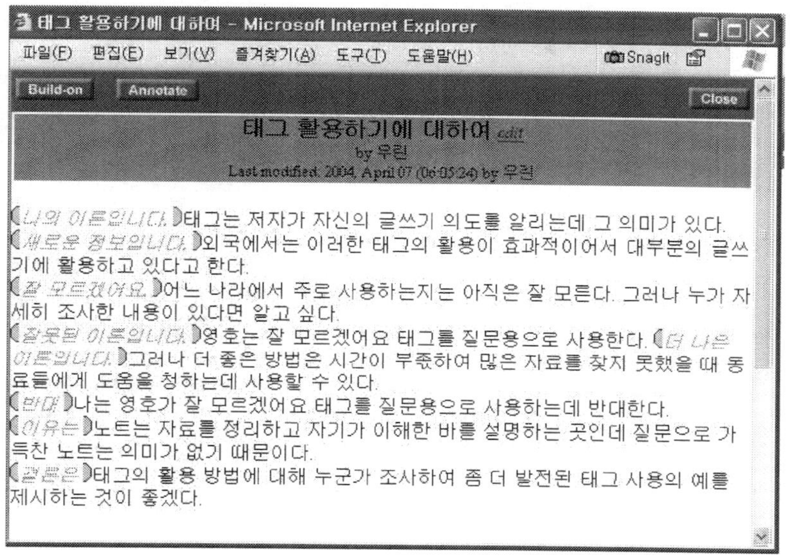

[그림 Ⅲ-10] 스캐폴드 활용의 예

(3) CSILE 프로그램의 구조

앞서 설명한 바와 같이, CSILE 프로그램은 크게 CSBIP(CSILE Supported Basic Inquiry process), CSIIP(CSILE Supported Integrated Inquiry process), CSAIP(CSILE Supported All Inquiry process)로 구분한다. 이는 기존 CSILE의 기능을 토대로 각각의 프로그램에서 각기 다른 종류의 탐구과정을 할 수 있도록 통제한 환경이다. [그림 Ⅲ-11]과 같이 CSBIP(기초)의 프로그램은 학습자들이 자료를 모아 관찰, 분류, 측정하도록 한 다음 그 결과의 규칙성이나 의미를 예상하거나 추리하도록 하였다. CSIIP(통합)의 프로그램은 학습자들에게 문제를 제시하고, 문제에 대해 가설을 정하도록 하여 이를 검증하는 절차를 따라 하도록 하였다. 그 과정에서 결과에 영향을 주는 변인을 통제하고 자료를 변환, 해석하여 결론을 이끌도록 하였다. 학습자들은 논쟁을 통해 이 결론을 일반화하는 활동을 하였다. CSAIP(전체) 프로그램은 관찰부터 일반화의 과정을 모두 수행하도록 하였다. CSAIP(전체)는 CSBIP(기초)의 특징과 CSIIP(통합)의 특징을 모두 포함하므로 여기서는 CSBIP(기초)와 CSIIP(통합)의 특징만을 설명하기로 한다. [그림 Ⅲ-11]은 CSBIP(기초)의 탐구과정 요소와 CSIIP(통합)의 탐구과정 요소를 모두 포함한 탐구과정이 CSAIP(전체)임을 설명하고 있다. CSBIP(기초)보다 CSIIP(통합)에서 더 많은 탐구과정을 수행해야 하며, CSAIP(전체)는 각각의 수준별 탐구과정을 모두 수행해야 한다는 것을 알 수 있다. CSBIP(기초)는 절차적인 탐구과정이라기보다 각각의 탐구과정 요소가 상호 보완적인 기능을 한다. 반면에 CSIIP(통합)는 CSBIP(기초)에 비해 절차적인 탐구과정을 강조한다. CSAIP(전체)에는 고차원의 절차적인 탐구과정을 하는 데 저차원의 탐구과정이 보완적으로 적용될 수 있다는 것을 설명한다.

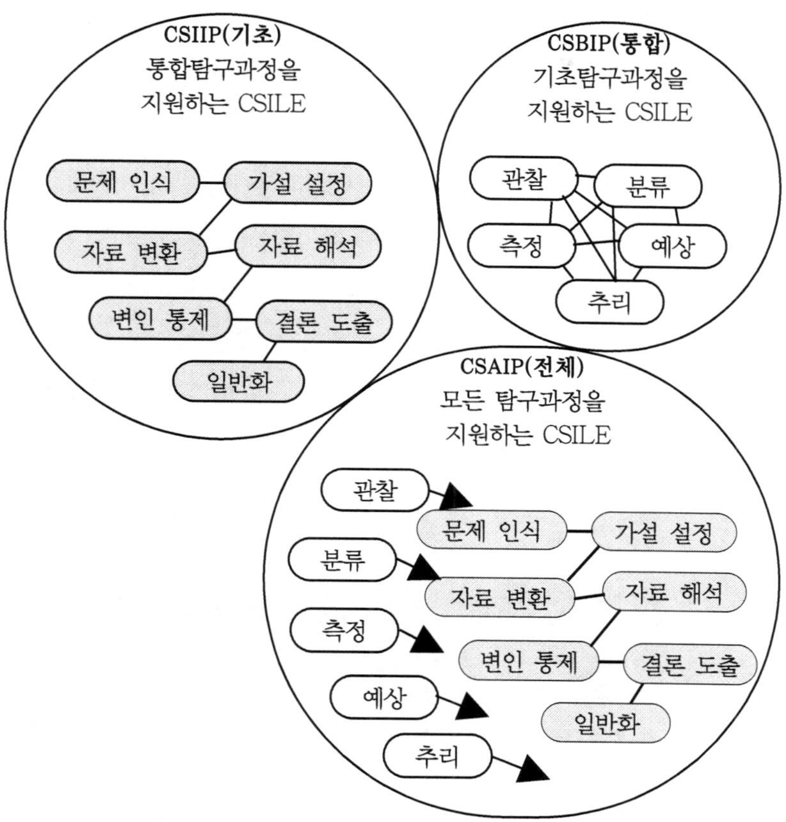

[그림 Ⅲ-11] 세 가지 CSILE의 탐구과정 비교

가. CSBIP(기초탐구과정을 지원하는 CSILE)

CSBIP(기초)에서는 학습자들이 기초탐구과정만을 수행한다. 기초탐구과정은 주어진 탐구과제에 대해 관찰, 분류, 측정, 예상, 추리의 활동을 하는 것이다. 이는 탐구과정에서 저차원에 해당하는 기초적인 수준의 수행이다. CSBIP(기초)에서 CSILE는 기초탐구과정에 대한 절차적인 안내를 담당하고, 이 과정에 맞추어 뷰를 조직하였다. 각각의

88

뷰는 [그림 Ⅲ-12]와 같이 구성하였다. 뷰의 구성은 첫째, 학습한 내용을 주제별로 정리할 수 있는 공간을 제공하였다. 각각의 뷰는 지진의 개념과 발생 위치, 지층의 휘어짐, 간이 지진계 제작의 실습이라는 주제에 따라 학습자들이 자신이 이해한 내용을 자신의 글로 정리하는 공간이다. 둘째, 관찰방 등의 탐구과정이 제시된 뷰는 활동의 종류를 제한하려는 목적으로 제시하였다. 해당 뷰에서 각각의 탐구과정에 해당하는 활동만을 하도록 한 것이다. 셋째, 사회적 상호 작용과 인지적 상호 작용을 구분하기 위해 학습과 관련 없는 대화의 공간을 분리하였다. 넷째, 프로그램 사용에 어려움을 느끼는 학습자들을 위해 자유롭게 노트의 작성 연습을 할 수 있는 별도의 공간을 마련하였다.

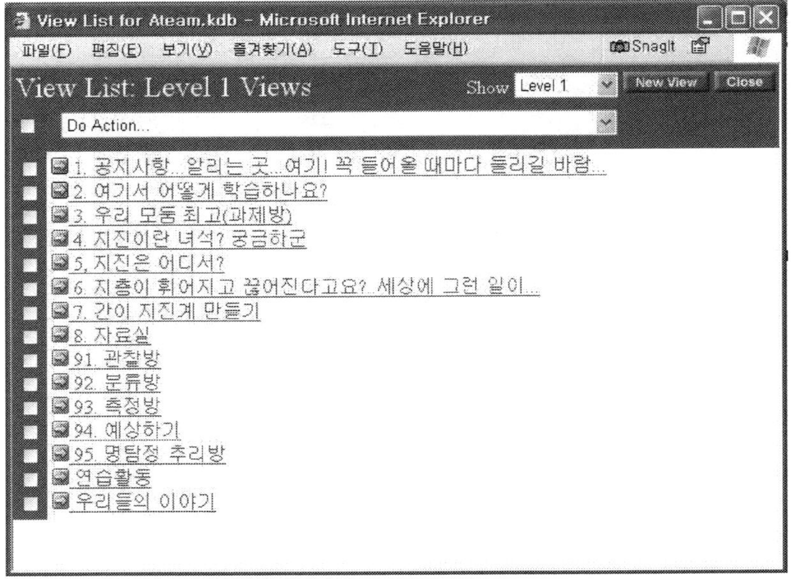

[그림 Ⅲ-12] CSBIP의 뷰 목록

① 관찰의 탐구과정을 수행하는 뷰

관찰의 탐구과정은 학습자들이 자신의 감각을 활용하여 기초탐구과정의 전개에 필요한 단서나 정보를 찾는 활동이다. 이해를 돕기 위해 다양한 관찰 사례를 자료실에 제시하였으며 준비된 자료는 대부분이 그래픽과 외부 링크 자료로서 한국교육학술정보원이 제공한 것들이다. 실습을 위해 관찰한 사항을 노트에 정리할 수 있도록 안내하였다. 관찰은 자료를 수집하여 이를 관찰하고 자신이 인지한 내용을 상세히 기술하는 활동이 주가 된다. 과학과 전담교사들의 전문적인 교수설계를 통해 '1. 자료의 수집, 2. 자료를 살피기, 3. 살펴본 자료의 특징과 모습을 상세히 기록하기'의 3단계 활동을 하도록 하였다. [그림 Ⅲ-13]은 관찰활동을 하도록 지정된 뷰에서 학습자들이 탐색할 자료를 올리고 관찰 결과를 진술하는 모습을 보여준다.

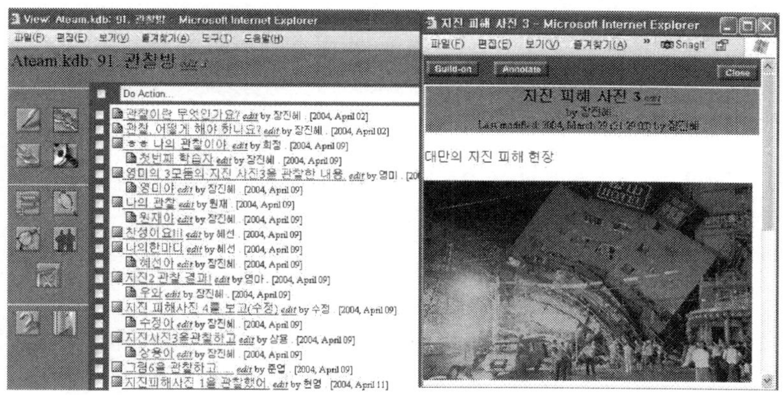

[그림 Ⅲ-13] 관찰의 탐구과정을 수행하는 뷰와 관찰 자료의 예

② 분류의 탐구과정을 수행하는 뷰

분류의 탐구과정은 학습자들이 관찰한 내용을 사물의 공통적인 속성과 조건에 따라 같은 범주로 묶거나 다른 범주로 분류하는 활동을 하는 것이다. 지진의 일시와 규모, 피해 정도에 따라 관찰 자료를 분류하도록 안내하였으며, 과학과 전담교사들의 교수설계를 통해 '1. 관찰한 결과를 분류하는 기준을 정하기, 2. 관찰 결과로 정한 기준에 따라 자료를 나누기, 3. 특징별로 분류된 자료들에 이름을 붙이기'의 3단계 활동을 하도록 하였다. [그림 Ⅲ-14]는 학습자들이 분류 활동을 하도록 지정된 뷰에서 지진의 종류를 분류하는 모습을 보여준다.

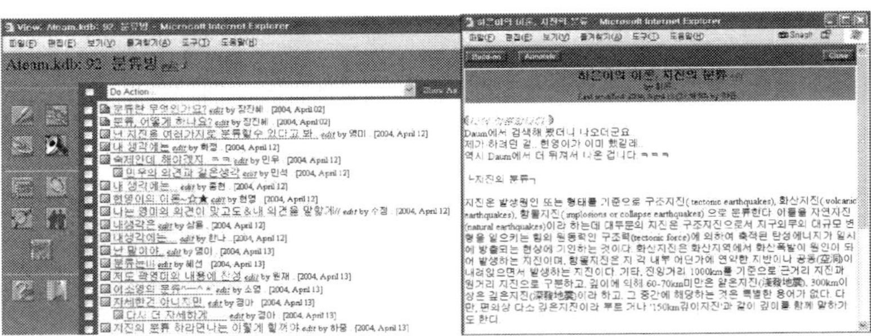

[그림 Ⅲ-14] 분류의 탐구과정을 수행하는 뷰와 분류 활동의 예

③ 측정의 탐구과정을 수행하는 뷰

측정의 탐구과정은 관찰한 자료에 대해 바른 측정도구를 선택하여 단위-범위-구간 설정, 어림셈, 오차와 정확도의 산출 등을 통해 관찰 결과를 수량화하는 활동이다. 예를 들어 특정한 사진 자료를 보고 지진의 강도를 비교하여 적어보도록 하는 과정이라면, 사진에 나타난 피해의 규모를 자나 어림 측정을 이용해 수량화하는 작업이다. 과학

과 전담교사의 교수설계를 통해 '1. 관찰 결과를 조사할 바른 도구의 선정, 2. 단위와 측정 범위의 선정, 3. 도구를 이용한 실측 작업, 4. 실측 결과를 수량화'의 4단계 활동을 하도록 하였다. [그림 Ⅲ-15]는 학습자들이 측정 활동을 하도록 지정된 뷰에서 측정 방법에 대해 논의하는 모습을 보여준다.

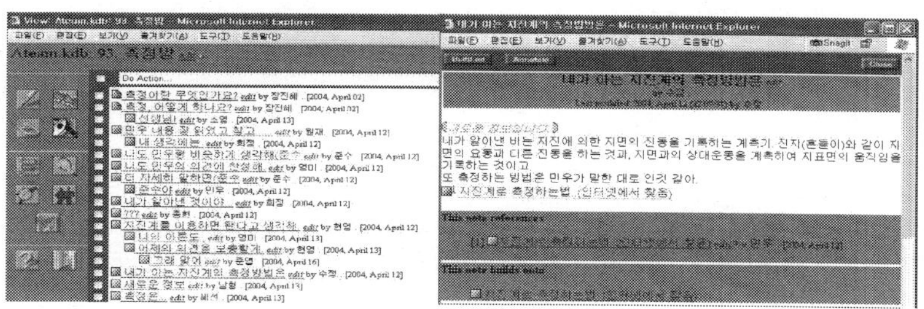

[그림 Ⅲ-15] 측정의 탐구과정을 수행하는 뷰와 측정 활동의 예

④ 예상의 탐구과정을 수행하는 뷰

예상의 탐구과정은 관찰 결과나 측정의 결과에 기초하여 규칙성을 찾고 나중에 관찰되거나 일어날 현상이 구체적으로 어떻게 될지 미리 판단하는 활동이다. 예를 들어 다양한 지역에서 1주일마다 지진이 규칙적으로 일어난다면 언제쯤 지진이 어느 지역에 일어날지를 예상하는 활동을 하도록 안내하였다. 과학과 전담교사들의 교수설계를 통해 '1. 관찰하고 측정한 결과의 규칙성 찾기, 2. 규칙성에 근거해 앞으로 어떤 일이 생겨날지 미리 판단하기, 3. 어떤 일이 일어난다고 예상하였다면 그 근거를 예를 들어 설명하기'의 3단계 활동을 하도록 하였다. [그림 Ⅲ-16]은 예상의 탐구과정을 수행하도록 지정된 뷰에서 학습자들이 놀이공원에서 지진이 발생할 경우를 예상하여 논의한 결과를 보여준다.

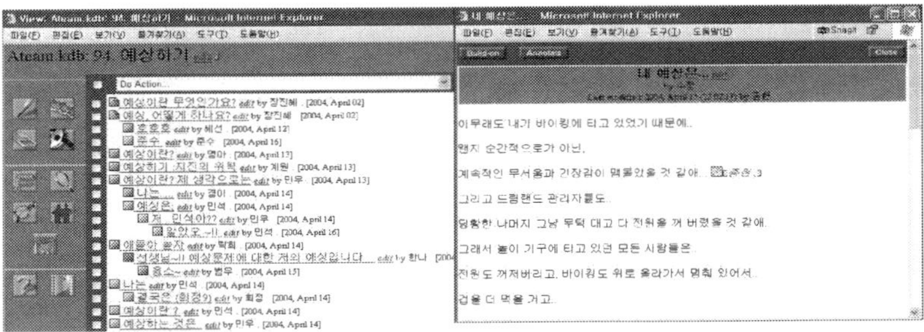

[그림 Ⅲ-16] 예상의 탐구과정을 수행하는 뷰와 예상 활동의 예

⑤ 추리의 탐구과정을 수행하는 뷰

추리의 탐구과정이란 관찰한 사실을 해석하고 설명하는 과정이며 사실 뒤에 숨은 내용, 사실을 뛰어넘어 직접 지각할 수 없는 현상을 포착하는 활동이다. 추리의 탐구과정을 지원하기 위해 과학과 전담교 사들과 협의를 거쳐 이론 만들기의 과정을 안내하였다. 어떤 일이 생 긴 원인을 학습자 나름대로 이유를 추측하고 이런 일 때문에 생길 결과를 하나의 규칙된 이론으로 만드는 과정이다. 구체적으로 과학과 전담교사의 교수설계를 통해 '1. 관찰한 사실을 원인과 결과로 나누 어 해석하기, 2. 그런 일이 생긴 가장 큰 원인을 추출하고 정리하기, 3. 원인과 결과를 연결하여 자신만의 이론을 만들기, 4. 자신의 이론 에 이름을 붙이고 남들에게 설명하기'의 4단계 활동을 하도록 하였 다. 더불어 추리 활동의 촉진을 위해 [부록 7]과 같은 추리 과제를 별도로 제공하여 주제의 일관성을 벗어나지 않도록 통제하였다. [그 림 Ⅲ-17]은 학습자들이 추리 활동을 하도록 지정된 뷰에서 지층의 이동 원인에 대한 추리를 하는 모습을 보여준다.

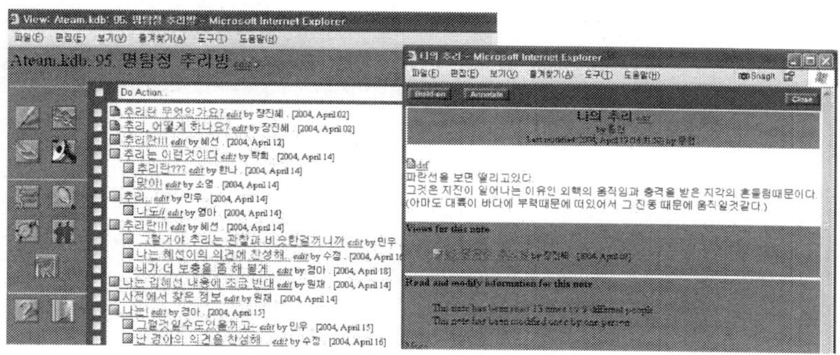

[그림 Ⅲ-17] 추리의 탐구과정을 수행하는 뷰와 추리 활동의 예

나. CSIIP(고차원의 통합탐구과정을 지원하는 CSILE)

CSIIP(통합)에서는 학습자들이 고차원의 수행에 해당하는 통합탐구과정을 한다. 통합탐구과정은 과학적인 문제 상황에 대해 문제가 무엇인지 정의하고, 해결책에 대한 가설을 세우며, 실험 및 조사에 영향을 주는 요인들을 통제하고, 관찰이나 측정 결과를 도표로 나타내며, 이를 해석하고 결론을 도출하여, 포괄적인 의미를 지닌 이론을 만드는 과정이다. CSIIP(통합)에서의 CSILE는 고차적 통합탐구과정에 대한 절차적 안내를 하며, 이 과정에 맞추어 뷰를 조직하였다. 각각의 뷰는 학습자들이 실생활에서 접할 수 있는 지진 발생에 대한 비구조적인 문제 상황을 제시하고, 지진의 피해를 줄이기 위해 대처할 바를 연구하도록 하였다. 또한 과학적 도구를 만드는 등의 구체적인 활동을 통해 지진을 이해하고 포괄적인 해결책을 만들도록 안내하였다. 뷰의 목록에는 각각의 탐구과정에 해당하는 전체 뷰가 제시되고 학습자들은 뷰 안에서 탐구과정으로 명시한 활동만을 하도록 하였다. 이 공간 역시 사회적 상호 작용을 분리하도록 학습과 관련 없는 대화를 위한 공간을 준비하였고, CSILE의 사용에 익숙하지 않

은 사용자를 위해 별도의 연습공간을 제공하였다. 연구의 목적이 인지적인 상호 작용을 측정의 대상으로 하기 때문이다. CSIIP(통합)에서 학습자들에게 제시한 문제와 구체적인 탐구과정을 안내한 사항이 [부록 8]에 있다. [그림 Ⅲ-18]은 전체의 탐구과정을 제시하는 뷰이며 탐구과정의 순서를 번호로 표시한 것을 알 수 있다.

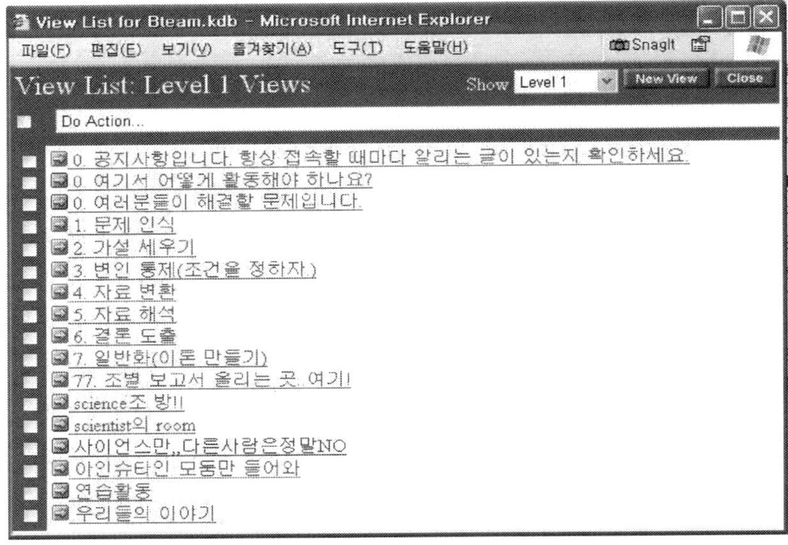

[그림 Ⅲ-18] CSIIP의 뷰 목록

① 문제 인식의 탐구과정을 수행하는 뷰

문제 인식의 탐구과정은 해결해야 할 문제를 발견하고 기존의 지식을 이용해 해석하여 자기 자신의 말로 문제를 재구성하는 활동이다. 문제 인식의 뷰는 문제를 어떻게 재정의하는지에 대한 구체적인 예를 제시하였으며, 한 사람이 문제 인식을 기술한 것에 대해 다른 학습자들이 이를 다시 정의하도록 하였다. 과학과 전담교사의 교수설계를 통해 '1. 왜 이런 문제가 생겼는지 원인을 생각하기, 2. 문제 상황이 의미하는 문제의 핵심이 무엇인지 자신의 생각을 적기, 3. 문제 해결의 단서가 되는 것은 무엇인지 찾아내기, 4. 다른 사람의 문제 인식 결과를 발전시키기'의 4단계 활동을 하게 하였다. [그림 Ⅲ-19]에서는 학습자들이 문제에 대해 자신이 이해한 바를 설명하는 활동을 볼 수 있다.

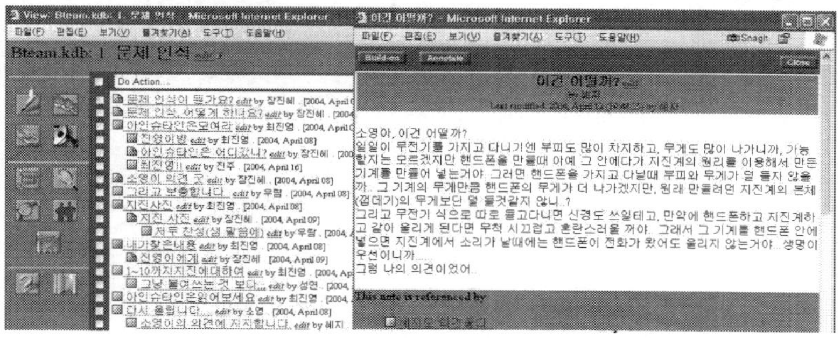

[그림 Ⅲ-19] 문제 인식의 탐구과정을 수행하는 뷰와 활동의 예

② 가설 설정의 탐구과정을 수행하는 뷰

가설 설정의 탐구과정은 학습자들이 이미 알고 있는 사실과 개념, 관찰 결과를 바탕으로 문제에 제기된 변인 사이의 관계를 경험적으로 검증하기 위한 진술을 하는 활동이다. 이러한 진술은 문제에 대한 잠정적인 해결책을 자신만의 글로 정리하는 것이다. 학습자들은 주어진 뷰에서 자신의 견해를 정리하고 도출한 가설을 노트에 개별 작성하거나 공동 작성하게 된다. CSILE는 가설 설정의 바람직한 전문가 모형을 제시하였으며 구체적인 방법을 안내하였다. 과학과 전담교사

들의 교수설계를 통해 '1. 문제의 발생 원인을 예상하기, 2. 자신이 생각하는 잠정적인 해결책을 적기, 3. 해결책의 조건과 구체적인 실천 방안을 정리하기'의 3단계 활동을 하도록 하였다. [그림 Ⅲ-20]은 학습자들이 협력적인 가설 설정을 위해 종합하기 노트에 그룹별로 논의한 결과를 정리한 것을 보여준다.

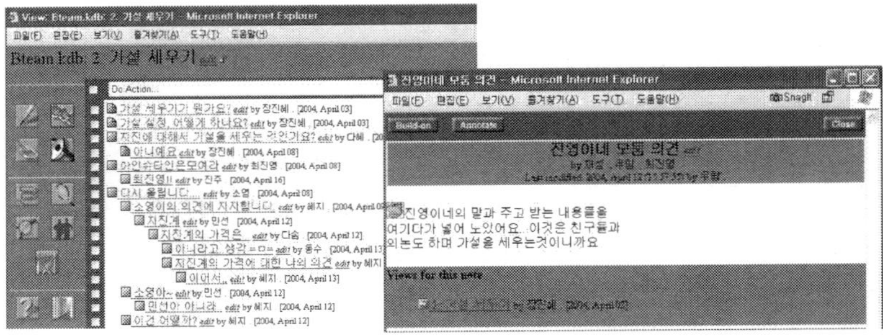

[그림 Ⅲ-20] 가설 설정의 탐구과정을 수행하는 뷰와 활동의 예

③ 변인 통제의 탐구과정을 수행하는 뷰

변인 통제의 탐구과정은 공정한 검증을 할 수 있도록 실험 및 조사에 영향을 주는 조건을 확인하고 독립 변인 외에 다른 변인들을 통제하는 활동이다. 문제 상황과 관련하여 지진 발생의 장소와 시간, 학습자들이 직접 어떤 활동을 할 수 있는지, 측정도구의 제한, 간이 지진계 제작의 기본 자료를 제한하는 등의 조건을 명확히 하도록 안내하였다. 과학과 전담교사의 교수설계를 통해 '1. 자신의 해결책에 영향을 주는 사실 및 조건 찾기, 2. 가설에 대한 검증활동을 할 때 주의해야 할 점 생각하기, 3. 자신의 해결책이 적용되는 시간, 장소 등의 조건 정하기'의 3단계 활동을 하도록 하였다. [그림 Ⅲ-21]은

학습자들이 문제의 해결에 영향을 주는 다양한 변인을 통제하기 위해, 지진계 제작의 조건과 목적을 정하는 모습을 보여준다.

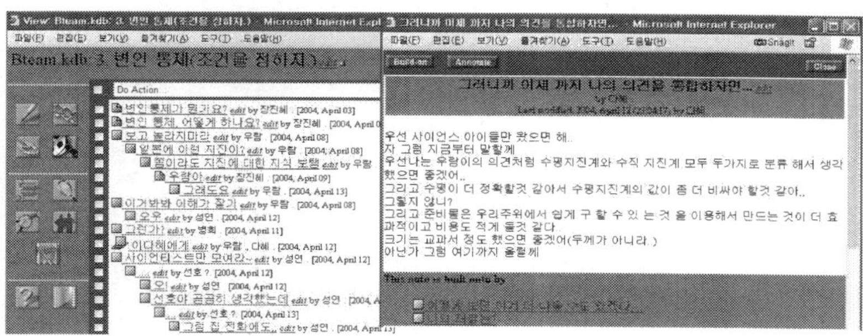

[그림 Ⅲ-21] 변인 통제의 탐구과정을 수행하는 뷰와 활동의 예

④ 자료 변환의 탐구과정을 수행하는 뷰

자료 변환의 탐구과정은 관찰이나 측정의 결과로 얻은 자료를 기록하고 이를 해석할 수 있도록 표나 그래프 등으로 조작하거나 변환하는 활동이다. CSIIP에서는 지진과 관련하여 논의된 대처법, 지진 대책반의 활동 계획, 저학년 지진 교육을 위한 계획서, 간이 지진계의 설계도 등을 그림이나 표로 작성하도록 하였다. 과학과 전담교사의 교수설계를 통해 '1. 가설의 검증을 위해 수집한 자료를 분석하기, 2. 자료들의 공통점을 중심으로 자료를 분류하기, 3. 특징별로 분류한 자료를 표나 그래픽 등으로 나타내기'의 3단계 활동을 하도록 하였다. [그림 Ⅲ-22]는 학습자들이 자료 변환의 뷰에서 자신들이 설계한 지진계의 모습을 도식으로 나타내는 활동을 보여준다.

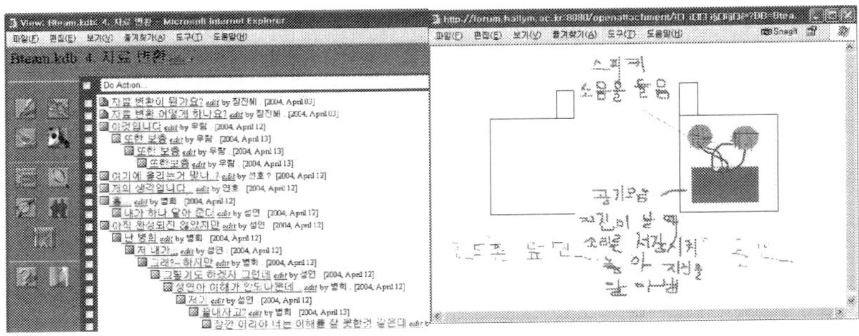

[그림 Ⅲ-22] 자료 변환의 탐구과정을 수행하는 뷰와 활동의 예

⑤ 자료 해석의 탐구과정을 수행하는 뷰

자료 해석의 탐구과정은 관찰이나 실험으로 얻은 자료를 분석하고 예상이나 추리를 통해 가설과 연결하여 의미 있는 관계나 경향을 찾아내는 활동이다. CSIIP에서는 자료 변환의 결과를 제시하고 이를 해석하여 설명하는 토론을 이끌었으며 개인이 제시한 자료 변환의 결과를 협의를 통해 하나의 그래프나 표로 통합하는 작업을 수행하였다. 각 조의 자료 변환 결과를 다른 조에게 설명하는 활동을 해당 뷰에서 진행하였고 다른 조의 결과를 평가하도록 하였다. 과학과 전담교사의 교수설계를 통해 '1. 협의를 통해 자료 변환의 결과를 통합하기, 2. 자신의 조가 작성한 자료 변환의 결과를 설명하기, 3. 다른 조의 자료 변환 결과를 분석하기'의 3단계 활동을 하도록 하였다. [그림 Ⅲ-23]은 학습자들이 설계한 지진계의 특징을 설명하는 상황이다.

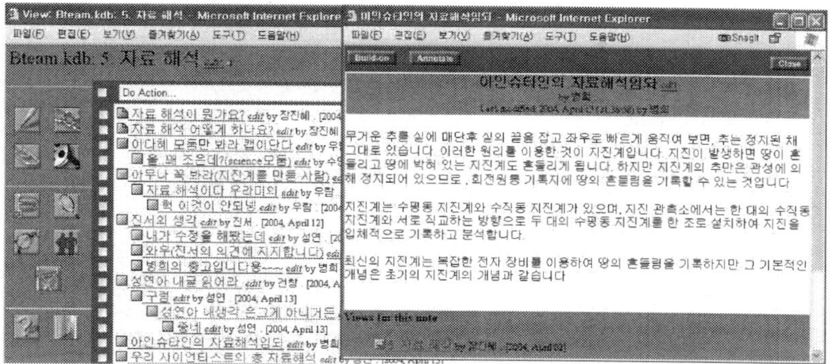

[그림 Ⅲ-23] 자료 해석의 탐구과정을 수행하는 뷰와 활동의 예

⑥ 결론 도출의 탐구과정을 수행하는 뷰

결론 도출의 탐구과정은 해석된 자료를 바탕으로 수집된 자료의 타당성과 신뢰성을 검토하여 문제에 대한 해답을 얻거나 가설에 대한 판단을 하는 활동이다. CSIIP에서는 지진과 관련하여 학교 상황에서의 지진 대처법, 지진 대책반은 어떻게 활동해야 하는지, 저학년 아동들에게 어떻게 지진을 가르쳐야 하는지, 가장 효과적인 간이 지진계는 무엇인지 논의하도록 하였다. 과학과 전담교사의 교수설계를 통해 '1. 해석된 자료를 근거로 이론을 정리하기, 2. 자기 조의 이론을 다른 조와 비교하기, 3. 자기 조의 이론의 우수성을 주장하기, 4. 다른 조의 이론에서 오류를 찾아내기, 5. 자기 조의 이론을 수정하기'의 5단계 활동을 하도록 하였다. [그림 Ⅲ-24]는 학습자들이 협력적 탐구를 통해 만들어 낸 지진계의 기능과 원리를 설명하는 모습이다.

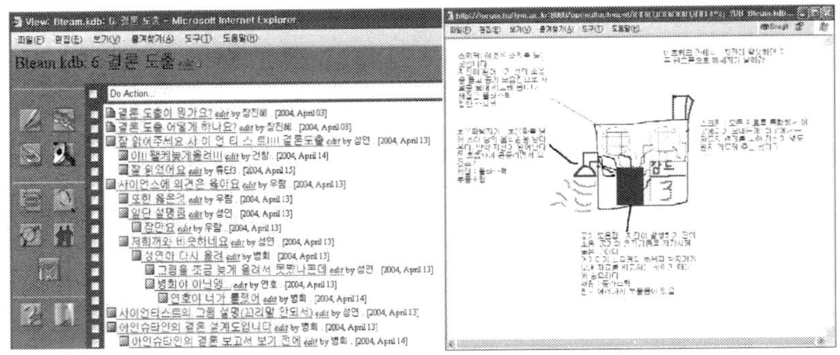

[그림 Ⅲ-24] 결론 도출의 탐구과정을 수행하는 뷰와 활동의 예

⑦ 일반화의 탐구과정을 수행하는 뷰

일반화의 탐구과정은 구체적인 사례나 검증된 사실들로부터 포괄적인 의미를 이끌어 내는 활동이다. CSIIP에서는 지진에 대한 대처 요령을 10가지 행동 요강으로 만들도록 하거나, 지진 대책반의 활동 요강을 10가지로 요약하게 하고, 저학년을 위한 지진 교육용 교재나 브로셔를 만들도록 하였다. 그리고 간이 지진계를 조별로 고안하였다면 이를 상품화하기 위한 카탈로그를 제작하도록 하였다. 이러한 활동은 모두 자신들이 도출해낸 지진에 대한 이론을 실생활에 적용이 가능하도록 활성 가능한 지식으로 바꾸게 하려는 의도이다. 그들의 암묵적 지식을 표현하게 하여 상황에 맞는 실제적 지식으로 변환하도록 돕는 활동이다. 과학과 전담교사의 교수설계를 통해 '1. 해결책이나 결론을 하나의 이론으로 정리하기, 2. 조별로 정한 이론에 이름을 붙이기, 3. 정리된 이론을 지진에 대해 잘 모르는 사람들을 위해 쉽고 보기 편하게 배포용 자료로 가공하기'의 3단계 활동을 하도록 하였다. [그림 Ⅲ-25]는 학습자들이 자신들이 만든 지진계에 대한 제품설명서를 만드는 과

정을 보여준다. 학습자들은 제품설명서의 작성을 통해 자신들이 결론
으로 도출한 지진계의 보급 가능성과 실용성을 논의하였다.

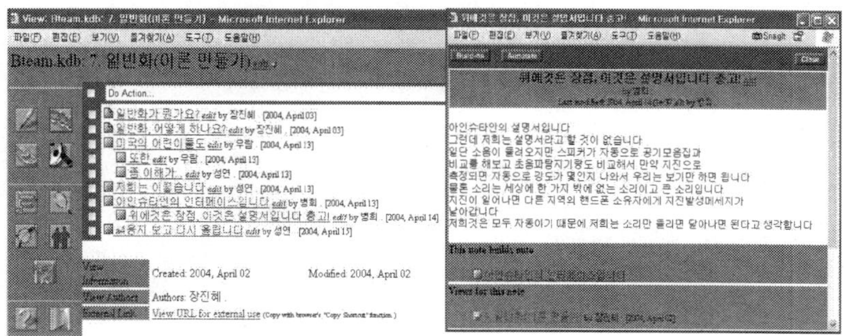

[그림 Ⅲ-25] 일반화의 탐구과정을 수행하는 뷰와 활동의 예

2) 검 사

본 연구에서는 CSILE의 탐구과정 지원방식에 따라 개인 학습자의
탐구력 및 과학적 지식의 이해, 과학적 소양의 습득이 집단별로 유의
미한 차이가 있었는지를 비교하였다. 또한 집단의 학습과정과 결과에
유의미한 차이가 있었는지를 집단별 탐구상황과 탐구모형을 분석하
여 차이를 검증하였다. 연구에서 사용한 검사에는 크게 집단의 동질
성 검사와 처치변인의 효과를 알아보는 검사로서 과학과 탐구력 검
사, 과학적 지식의 이해와 소양의 습득을 분석, 집단별 탐구상황의
분석, 집단별 탐구모형의 분석이 있다.

(1) 집단의 동질성 검사

집단의 동질성 검사는 CSILE의 탐구과정 지원방식이라는 처치 변인 외에 연구의 결과에 영향을 미치는 매개변인을 통제하기 위해 실시하였다. 본 연구에서 실시한 검사는 '과학과 배경지식에 대한 검사'와 '인터넷 활용 능력 검사', '학습양식의 협력적 성향에 대한 검사'이다. 이러한 검사는 실험을 실시하기 전에 교실에서 실시하였다. 검사의 내용은 다음과 같다.

가. 과학과 배경지식 검사

과학과 배경지식은 학습자들이 탐구를 하는 데 인식론적 신념에 영향을 줄 수 있는 요인이다. 기존의 선수지식이 많은 학습자는 좀더 활발하고 발전적인 탐구과정을 수행할 것이고 그렇지 못한 학습자들은 소극적인 탐구를 할 가능성이 크다. 이는 탐구 경험의 부족으로 인하여 학습결과인 탐구력 신장에 영향을 줄 수 있는 결정적인 요인이다.

5학년 1, 2학기 전 단원을 대상으로 과학과 평가 영역의 특성에 맞추어 문항을 개발했으며 총 20문제로 구성된다(부록 1 참조). 문항의 유형은 선다형 및 단답형이고 한 개 문항의 배점은 1점으로 하였다. 문항의 내용은 과학과 평가 영역의 분류 틀에 맞추어 2개의 상위 영역과 6개의 하위 영역을 측정한다. 과학지식의 영역에서는 기억(4문항), 이해(4문항), 적용(4문항)의 하위 영역 요소를 측정하고 과학 탐구의 영역에서는 문제 발견 및 해결(3문항), 자료 해석 및 일반화(3문항), 실험 기구의 조작에 대한 이해(2문항)의 하위 영역 요소를 측정한다(부록 1 참조). 과학지식 영역에 대한 문항 내적 일관성을 나타내는 Cronbach α는 .64이고, 과학탐구 영역에서는 .74로 비교적 높은 신뢰도를 나타내었다.

나. 인터넷 활용 능력 검사

인터넷 활용 능력은 인터넷을 활용하여 학습하는 능력으로 기능적으로는 정보를 찾고 가공하는 능력의 수준을 나타낸다. 인터넷을 도구로 활용하는 능력과 온라인 토론의 경험, 인터넷 사용에 대한 태도를 측정했으며 5점 척도로 '매우 그렇다'에 5점을 부여하는 것으로부터 '전혀 그렇지 않다'는 경우의 1점까지 5단계로 점수를 환산하였다(부록 2 참조). 인터넷을 도구로 활용하는 능력(4문항)과 온라인 토론의 경험(3문항), 인터넷 사용에 대한 태도(3문항)에 대한 각각의 Cronbach α는 차례로 .58, .61, .77이며 비교적 높은 신뢰도를 나타냈다.

다. 학습양식의 협력적 성향 검사

선행연구결과에서도 알 수 있었듯이 학습양식은 공동의 이해 수준이 일치하기 전까지 학습자들의 협력학습 과정에 영향을 미치는 중요한 요인이다(김동식, 김지일, 2003). 학습양식은 학습을 진행하는 개인의 독특한 방식이며 학습방식에 대한 선호도이다. 학습자들이 협력적 학습을 선호하는가에 따라 CSILE에서의 탐구활동은 영향을 받는다.

이러한 성향을 분석하기 위해 Vermunt(1996)의 학습양식 검사지인 ILS(Inventory of Learning Style)를 활용했다. ILS는 학습유형을 암기형(reproduction-oriented), 자기 주도형(meaning-oriented), 활용형(application-oriented), 방관형(unfocused-oriented)의 네 가지 유형으

로 구분하고 이를 분석하기 위해 16가지 범주, 120개의 문항을 제시하고 있다. 본 연구는 이 16가지 범주 중에서 '학습에 대한 견해'를 조사하는 협력학습 선호(learning together) 범주의 8개 문항만을 번안하여 사용하였다(부록 3 참조). 5점 척도로 점수를 환산하였으며 이 8개 문항에 대한 Cronbach α는 .76으로 비교적 높은 신뢰도를 나타냈다.

(2) 효과분석을 위한 검사

가. 과학과 탐구력 검사

과학탐구 능력은 과학자들이 조사하고 연구하는 데 필요로 하는 능력으로, 학습자들이 어떤 문제에 직면했을 때 과학적 탐구 방법에 의해 스스로 문제를 해결하는 능력이다. 본 연구에서는 탐구능력을 측정하기 위해 권재술, 김범기(1994)가 개발한 초등학교용 탐구력 측정도구를 사용하였다. 이 검사지를 사용한 이유는 본 연구의 CSILE가 지원하는 탐구요소와 이 검사지에서 측정하고자 하는 탐구요소가 일치하기 때문이다. 이 검사는 기초탐구과정 5개 요소와 통합탐구과정 5개 요소를 30개의 문항으로 측정한다(부록 4 참조). 이 검사의 반분신뢰도는 .71로 비교적 높은 신뢰도를 나타냈다.

〈표 Ⅲ-5〉 과학탐구 능력 하위 요소별 평가 목표(권재술, 김범기, 1994)

탐구요소	평가 목표	해당 문항
관　　찰	그림을 관찰하고 차이점 찾기, 변화의 정도 찾기	1, 4, 7
분　　류	한 가지 특성 및 복합 특성으로 사물 분류	2, 5, 8
측　　정	계측기, 막대 자로 길이 재기, 격자로 넓이 계산	3, 6, 9
추　　리	관찰과 측정에 의해 이미 일어난 사건 돌이켜보기	10, 12, 14
예　　상	관찰과 측정 자료를 근거로 일어날 사건 미리 생각해보기	11, 13, 15
자료 변환	실험이나 조사의 결과 자료를 도표로 정리하기	16, 19, 21
자료 해석	도표를 해석하여 변인 사이 관계 설명하기	17, 18, 20
가설 설정	검증 가능한 가설을 세우고 이를 위한 실험 설계하기	25, 27, 29
변인 통제	실험의 독립변인, 종속변인, 통제변인 파악하기	22, 23, 24
일 반 화	주어진 자료의 공통성, 경향성, 규칙성 찾아 모형 만들기	26, 28, 30

나. 과학적 지식의 이해에 대한 분석

과학교과에서 다루는 지식은 개념 간의 관계에서 과학적 특징을 반영한다. 과학적 지식은 탐구 절차에 의해 접근해야 이해할 수 있도록 개념들이 복잡하게 얽혀있으며, 학습자들은 탐구 주제가 가진 이러한 절차적, 개념적 틀을 파악해야 한다. 예를 들어 지진이라는 주제를 학습한다는 것은 지진에 대한 지식이 무엇인지 직접 찾아, 기존의 지식과의 관계를 경험적으로 이해하는 과정이다. 결국 과학적 지식의 이해란 과학적인 방법으로 목표로 하는 주제에 대한 개념 혹은 원리를 다양한 현상이나 조건과 연결하면서 이해의 폭을 확장한 결과이다(Schwab, 1962; Ford, 1999에서 재인용). 이처럼 과학적 지식을 습득했느냐는 그 주제가 목표로 하는 개념의 조직적 관계를 이해했느냐를 의미한다(Shapiro, 1994). 결국 과학적 지식의 이해를 측정한다는 것은 단순히 사실적 지식을 얼마나 알고 있느냐를 평가하는 것이 아니라 과학이 지향하는 지식의 속성을 먼저 분석한 다음, 학습자가 얻은 개념의 이해가 그 속성에 맞게 점진적으로 발전했는지를 측정하는 것이다.

본 연구는 단편적인 과학적 지식의 학습효과 비교가 아닌 개념의 이해와 확장 과정을 분석하고자 하였다. 연구자는 주제가 지향하는 과학적 지식으로서의 지진에 대한 핵심 개념의 전체 틀을 먼저 도출하고 이를 학습자들이 시간의 흐름에 따라 얼마나 이해해 나갔는지를 분석하였다. 학습자들이 단원에서 목표로 하는 과학적 지식에 대해 이해한 정도를 도식으로 나타냈으며 이러한 개념도를 바탕으로 이해의 확장 정도를 수량화하였다. 앞서 설명한 바와 같이 이러한 과정은 통합연구 설계에 의해 학습자들이 나눈 담화의 내용을 단서로 Chi(1997)의 담화분석의 절차에 따라 분석하였다. 수집된 자료는 과학적 지식의 이해를 정량화하기 위해 Chi 등(1994)과 Ford(1999)가 사용했던 개념도 분석의 방법을 지진에 대한 과제분석을 통해 수정하여 적용하였다. 본 연구는 Chi의 절차를 과학적 지식의 이해를 분석할 수 있도록 〈표 Ⅲ-6〉과 같이 구체화하여 자료의 수집 및 분석을 수행하였다.

〈표 Ⅲ-6〉 과학적 지식 이해의 분석 절차

단계	절차	방법
1	관련 담화의 추출 및 선별	과학적 지식에 관련된 담화만을 추출
2	추출된 담화의 분절화	추출된 담화를 문장 단위로 분절화
3	코딩의 범주 및 규칙 설정	지진의 과학 영역 핵심지식 추출
4	범주에 맞는 담화를 추출	전체의 담화를 대상으로 핵심지식별 담화를 N6을 이용해 자동 코딩
5	추출된 담화를 도식으로 표현	추출된 담화에서 관련 지식의 이해 상태를 개념도로 작성
6	도식의 규칙성을 추출	작성된 도식 내부의 관련성을 추출
7	추출한 규칙성을 해석	이해의 수준을 양적으로 계산
8	전체의 과정을 반복	전체 과정의 오류 확인 및 수정

단계 1에서 CSILE의 검색 기능[5]을 활용하여 기초 자료를 수집하였다. 자료 수집의 대상은 지진에 대해 논하는 개인의 담화이다. 이 과정에서 지진 영역에 관련된 인지적 담화만을 선택하고 사회적 상호 작용은 삭제하였다. 이렇게 선별된 자료는 텍스트 파일로 변환하여 저장하였다. [그림 Ⅲ-26]은 CSILE의 검색 기능을 활용하여 학습자 개인별 자료를 수집하는 과정과 분석할 담화를 선별하여 텍스트 파일로 변환한 결과이다.

---

5) CSILE는 프로그램 자체가 질적 연구의 도구이기도 하다. CSILE는 학습자들이 기록한 모든 상호 작용을 다양한 검색 기능을 통해 추출하고 범주화할 수 있도록 지원한다. 특히 Notification의 기능은 학습자들이 이전에 기록했던 글에 수정, 삭제 등의 변화가 생기는 경우 연구자에게 이메일로 통보해주기도 한다.

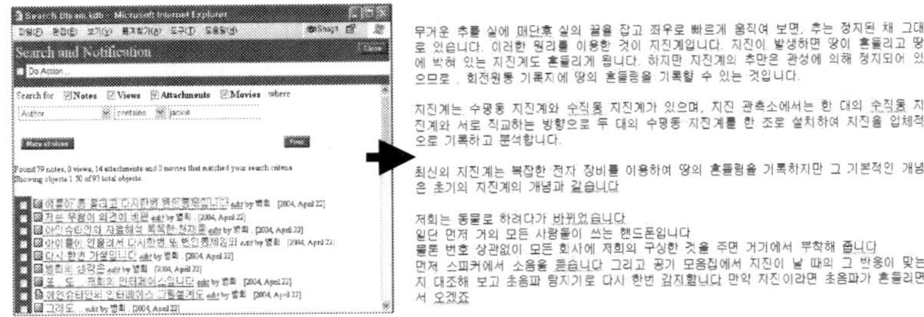

[그림 Ⅲ-26] CSILE에서 검색을 통해 분석할 담화만을 추출한 결과

단계 2는 선별한 담화를 분석단위에 따라 나누는 과정이다. 본 연구의 지식 영역인 지진이 그 특성상 현상을 단순한 사실로 '무엇은 어떻다'라고만 정의할 수 없으므로 개념의 전후관계가 포함된 문장 단위로 담화를 분절하기로 하였다. 문장과 문장은 공백 줄로 구분한다. 이는 N6[6)]의 자동 코딩 기능을 활용하기 위한 선행 작업이다.

---

6) N6은 질적 연구의 대표적인 분석 프로그램으로 잘 알려진 Nud-ist의 새로운 버전이다. 이 프로그램은 분석된 결과를 범주화하여 변인 사이의 관계를 위계적으로 표현하기에 용이하다. 다른 분석도구로는 변인 사이의 관계를 거미줄과 같이 표현할 수 있는 Atlas ti가 있다. 두 프로그램 모두 분석단위인 노드의 명칭을 한글화하는 데 결함이 있다. 본 연구는 노드의 명칭을 영어로 입력하되 결과는 한글로 다시 정리하는 작업을 하였다.

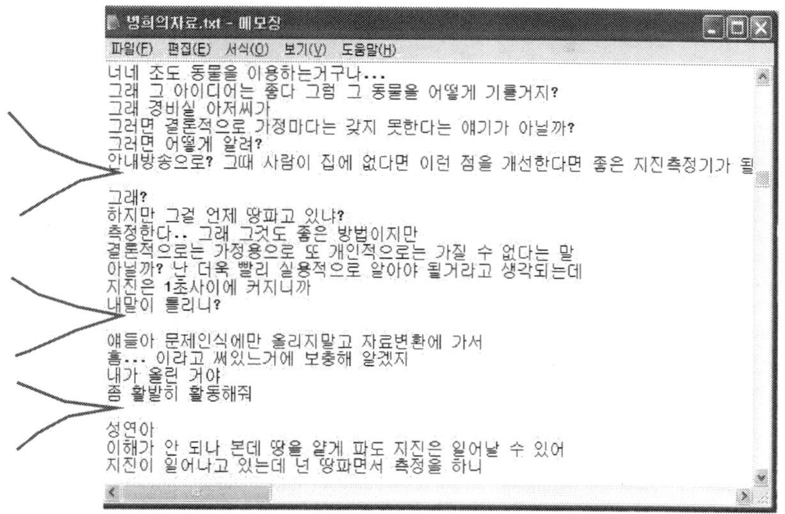

[그림 Ⅲ-27] 원자료를 분석단위로 나누기

단계 3은 개인의 인지적 담화에 대한 분석틀을 만드는 과정이며 학습자들이 구축해야 할 지식의 구조를 규명하는 단계이다. 본 연구는 Ford(1999)의 이해도 측정 방법을 수정하여 지진 학습의 개념적 발달 단계를 3개의 수준으로 설정하였다. 학습 주제인 지진의 핵심 지식이 무엇이며 개념의 이해 과정은 어떻게 진행되어야 하는지 [그림 Ⅲ-7]과 같은 담화 코딩의 준거를 정하였다. 사실의 확인은 학습자들이 개념을 이해하는 과정에서 나열한 사실, 현상, 자료들을 추출하는 것이므로 어떤 단어를 찾아내야 하는지를 명시한다. 개념의 이해는 사실, 현상, 자료들을 관련지어 하나의 개념으로 형성할 때 설명되어야 하는 지식의 내용이다. 개념의 확장은 이해한 지식을 실생활에 적용하는 담화, 개념이 적용되는 조건이나 상황을 설명하는 담화를 추출하기 위한 준거이다. 이러한 분석틀은 과학과 전담교사 2인의 지진 영역에 대한 과제분석을 통해 개발하였다.

<표 Ⅲ-7> 지진 단원의 핵심 개념 분석틀

주제	사실의 확인	개념의 이해	개념의 확장
지진의 조사 및 분석	지진의 발생 일시, 장소, 지진의 규모, 지진의 피해를 줄이는 방법, 건물의 피해, 자연의 피해, 전기 수도의 중단, 인명 피해, 소화기, 구급약품, 비상식량, 비상물품, 사람의 보호, 여러 장소에서의 피해, 여러 장소에서의 대피 방법, 리히터, 진도	지진 발생의 기록을 설명하기, 지진의 규모에 따른 피해 상황을 설명하기, 지진으로 발생할 수 있는 다양한 사건을 설명하기, 지진의 피해를 줄이기 위해 국가가 준비할 일을 설명하기	지진의 피해 상황을 장소 시간 규모별로 정리하여 예를 들어 설명하기, 일상생활에서 지진을 만났을 때 상황별 대처법을 예를 들어 설명하기, 지진을 대비하기 위해 자신의 역할을 가정하여 평소에 준비할 사항을 예를 들어 설명하기
지진이 발생한 위치	태평양 연안, 지중해, 히말라야, 대만, 인도, 인도네시아, 이란, 남미, 일본 지진대, 서산, 속리산, 평양, 지진 발생 횟수, 지진 발생 강도, 환태평양 지진대, 알프스-히말라야 지진대, 중앙 해령 지진대	특정 지역을 지진 빈발 지역으로 규정하기, 지진대를 정의하기, 우리나라의 지진 빈발 지역을 피해 정도나 시간으로 구분해 제시하기	지진 빈발 지역에서 사람들의 생활을 설명하기, 지진 빈발 지역의 공통점을 도출하고 예상 가능한 지역을 제시하기, 자신이 살고 있는 지역의 지진 발생 가능성을 예측하기
지층의 휘어짐과 어긋남	지층, 지층 이동의 원인과 힘, 판게아 이론, 습곡, 단층, 힘의 방향, 지층의 모양, 단층, 지구 내부의 힘, 맨틀, 대류, 외핵, 내핵, 지구 내부의 온도, 정단층, 역단층, 암반, 암석, 퇴적, 수직 압력, 수평 압력	지층이 움직인 원인을 설명하기, 습곡과 단층을 정의하기, 지구 내부의 구조를 설명하기, 맨틀의 대류를 설명하기, 지진의 발생 원인을 지층의 움직임으로 설명하기	지진의 원인을 모형으로 제시하기, 습곡과 단층을 모형으로 설명하기, 지구의 내부 구조를 모형으로 설명하기, 자기 지역의 지층 안정도를 예상하기
간이 지진계 만들기	물체의 진동, 수평 측정, 수직 측정, 지진파, P파, S파, L파, 지진 예측, 지진의 간격, 단기 예측, 장기 예측, GPS, 동물들의 움직임, 자연의 징후, 간이 지진계 재료	수평 지진계의 원리 설명하기, 수직 지진계의 원리 설명하기, 자연(동물, 현상)을 활용한 지진의 예측 원리 설명하기, 전문적인 지진 예측 방법 설명하기	주변에서 흔히 접할 수 있는 재료로 간이 지진계를 설계하기, 조별로 만든 지진계를 상품화하기 위한 조건 정하기

단계 4는 학습자별로 추출된 담화를 N6을 이용해 분석하는 과정
이다. N6은 담화의 텍스트를 문장별로 검색하여 연구자가 원하는 단
어가 포함된 문장을 노드라는 단위로 정리한다. 이 노드들을 묶어 하
나의 범주로 구성할 수 있으며 범주 사이에는 트리 구조라는 위계성
을 갖는다. 본 연구는 주제 간 관련성에 따라 노드를 개념별로 분류
한 다음, 분석틀이 정한 바에 따라 개념의 획득과정이라는 3단계의
위계로 정리하였다. [그림 Ⅲ-28]은 N6의 자동 코딩을 이용해 지진
계라는 검색어로 추출한 노드의 예이다.

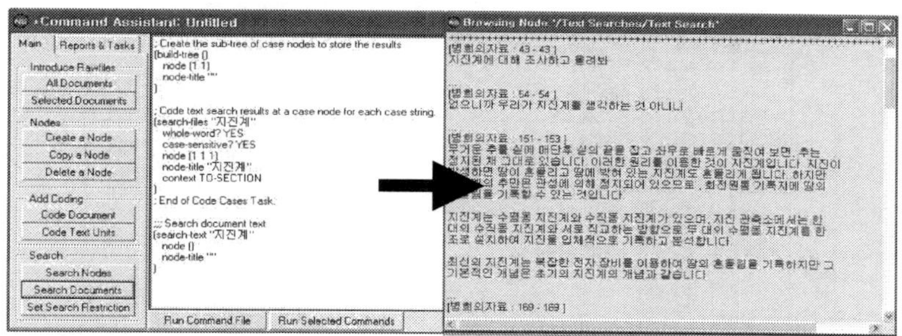

[그림 Ⅲ-28] N6의 자동 코딩 결과

단계 5는 N6을 통해 추출한 개념별 노드를 하나의 단위로 하여
사실의 확인과 개념의 이해, 개념의 확장이라는 개념의 습득과정을
개념도로 나타내는 단계이다. 사실의 확인은 단순히 지식을 열거한
경우, 개념의 이해는 자신이 이해한 지식을 다른 학습자에게 설명하
는 경우, 개념의 확장은 이해한 개념을 실생활에 활용한 경우이다.
노드에 나타난 학습자들의 설명을 분석하여 개념과 개념 사이의 관
계를 명시하였다. 개념과 개념의 관계를 두 가지 선으로 표현했는데,

실선은 개념과 개념이 동일 수준으로 연결된 경우이고 점선은 상위 단계로 발전하는 경우이다. 노드 간의 관계를 나타내는 개념도는 학습 주제별로 분류하였다. 더욱 세부적인 관련성의 분석은 단계 6에서 실시하므로 여기서는 해당 노드를 찾아 학습 주제별, 이해 단계별로 도식화하였다. [그림 Ⅲ-29]는 학습 주제 중 간이 지진계에 대한 개념도 작성의 예를 나타낸다.

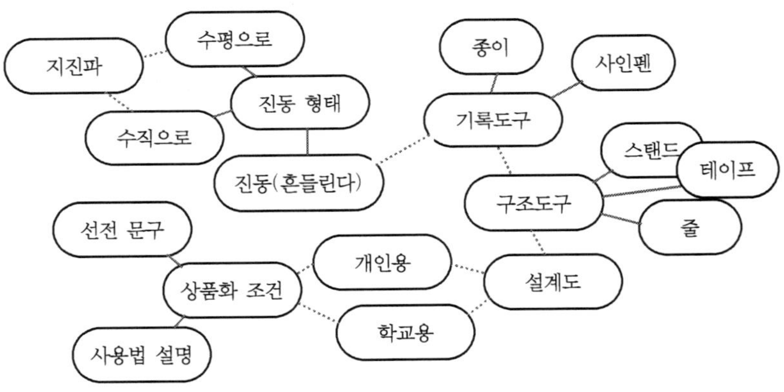

[그림 Ⅲ-29] 간이 지진계에 대한 개념도의 예

단계 6은 개념도로 표현된 학습자들의 이해 수준을 측정하기 위해 개념과 개념 사이의 관계를 구체적으로 규명하는 과정이다. Ford(1999)는 개념 사이의 관계가 대등하거나 그렇지 않은 경우를 and, or, not으로, 특정적이냐 일반적이냐의 관계를 some이나 all로, 조건적인 관계를 if로 구분하였다. 예를 들어 지진의 발생 위치로 일본과 대만을 나열하는 경우, 동일한 가치의 지식을 나열하였으므로 and로 표시할 수 있다. 지진의 원인을 나열하는 경우, 지층의 끊어짐

이나 인공적인 핵실험은 그 원인이 A이거나 B일 수 있으므로 or로
표시한다. 지진과 관련이 없는 개념을 제시하였다면 not으로 표시하
였다. 지진계의 원리를 설명하는 경우, 수평과 수직의 조건을 모두
설명하였다면 다양한 조건을 고려한 것이므로 if로 표시할 수 있다.
활용 가능한 지진계를 고안하였다면 일반화에 성공한 것이므로 all을,
비현실적인 지진계를 고안하였다면 some으로 표시할 수 있다. 점선
은 개념의 이해가 발전한 경우를, 실선은 개념의 이해가 발전하지 않
은 경우를 나타낸다. 개념의 이해가 발전한 경우란 예를 들어, 지진
의 피해 상황만을 설명한 것이 아니라, 피해 상황을 보면서 효과적인
대처방안까지를 도출한 경우이다. [그림 Ⅲ-30]은 개념 간의 이러한
관계를 과학과 전담교사들이 평가한 결과를 보여준다.

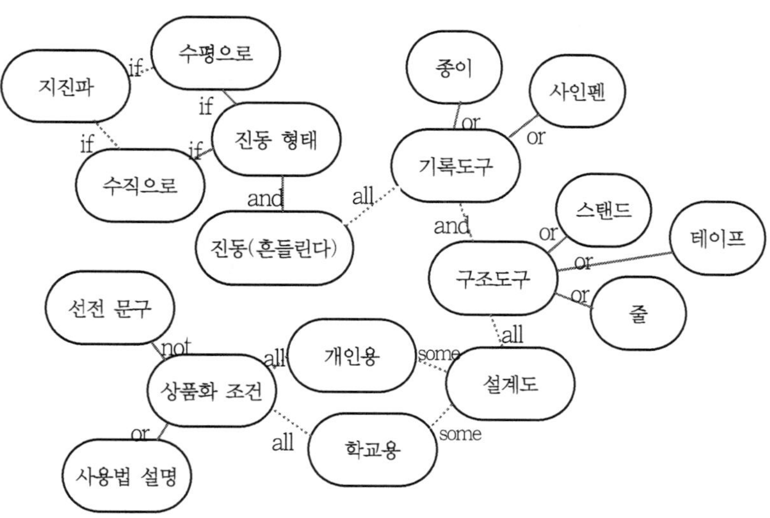

[그림 Ⅲ-30] 노드 사이의 관련성을 평가한 결과

[그림 Ⅲ-30]을 보면 진동의 형태를 기록하기 위해 도구를 생각해 내고 설계도를 작성하는 인지과정의 흐름을 파악할 수 있다. 이 과정에서 진동의 형태에 대한 이해는 조건에 따라 분류하기는 하였으나 지진파라는 개념으로 발전하는 데 미약했음을 나타낸다. 이러한 진동을 기록하는 데 있어서는 지진계를 만드는 데 필요한 자료들이 나열되었고, 기록하는 도구와 이를 조립하는 도구(구조도구)가 하나의 지진계를 설계하는 데 필요하다는 것을 강하게 인식한 것으로 나타났다. 이를 특정한 경우로 나누어 개인용과 학교용으로 구분한 것은 일반적인 상품화를 하기 위해 필요한 부분이었으나 사용 설명을 제외하고 선전 문구를 만드는 설명은 지진계를 이해하는 것과 무관한 것으로 분석할 수 있다.

단계 7은 도식화된 개념 사이의 관련성을 점수로 산출하는 과정이다. 본 연구는 각각의 노드 간 관련성에 대해 〈표 Ⅲ-8〉과 같은 근거로 점수를 부과하였다. 이러한 근거는 과학과 전담교사 2인의 과학적 지식의 이해 수준에 대한 논의의 결과를 따랐다. 〈표 Ⅲ-9〉는 [그림 Ⅲ-30]의 개념 이해도를 이 기준에 따라 점수로 산출한 예이다.

<표 Ⅲ-8> 노드 간 관련성에 대한 점수 기준표

기준	점수	근거
노드의 개수	1	학습자들이 조사, 관찰, 분석을 통해 구체적으로 추출하여 설명한 기초 자료
실선(대등한 관계)에 and나 or의 관계	1	추출한 자료나 생각을 연결한 흔적으로 다양한 사고를 하였다는 증거
점선(발전된 관계)에 some의 관계	2	발전된 관계를 찾아냈으나 설명이 미약하거나 당위성이 부족한 경우, 특정한 사례를 찾아냈지만 일반화가 어려운 경우
점선에 all의 관계	3	발전된 개념을 찾아내고 적용 및 일반화에 성공한 경우
실선에 not의 관계	-1	지식 영역에 전혀 관계가 없는 개념으로의 비약, 학습자가 노드를 무의미하게 나열한 경우에 이를 제한할 수 있는 효과적인 방법
점선이나 실선에 if의 관계	3	일상생활에 관련된 지식으로 발전한 경우(점선), 자연현상의 특정한 조건을 찾아내는 과학적 추론이 우수한 경우(실선)

<표 Ⅲ-9> 과학적 지식의 이해에 대한 점수 산출의 예

기준	배점	개수	소계	총계
노드의 개수	1	18	18	
실선(대등한 관계)에 and나 or의 관계	1	8	8	
점선(발전된 관계)에 some의 관계	2	4	8	
점선에 all의 관계	3	4	12	57
실선에 not의 관계	-1	1	-1	
점선이나 실선에 if의 관계	3	4	12	

다. 과학적 소양의 습득에 대한 분석

과학적 소양(science literacy)의 습득은 학습자들이 과학적 연구 능력을 이해하고 실천하는가를 측정하기 위한 기준이다. 과학적 연구 능력을 정의하는 중요한 구성요소는 학습자들이 과학적 사실을 인식하고, 과학자의 특성대로 추론하여 이론을 구축하는가이다. 흔히 과학적 소양의 습득을 단편적으로 과학적인 태도를 갖추었는지로 생각하는 경우가 있다. 과학적인 태도란 자연현상에 대한 호기심, 겸손, 의문을 품는 태도, 객관적인 견해, 실태에 대한 긍정적 접근을 하는 마음의 자세를 가리킨다(Carin & Sund, 1975; Varealas, 1996에서 재인용). 이는 보통 학습자들이 탐구과정에서 어떠한 행동을 하는가를 관찰하여 측정한다. 그러나 과학적 소양은 이보다 다양한 의미를 포괄한다. Showalter(1974)는 관련 문헌을 종합하여 과학적 소양을 습득하였다는 것을 7개의 차원으로 구분하였다. 그는 과학적 소양의 습득을 '(1) 과학적 지식의 본성을 이해하는가, (2) 과학의 개념, 원리, 법칙, 이론을 적절히 적용하는가, (3) 문제해결, 의사결정 등에 과학적 과정을 사용하는가, (4) 과학적 가치관을 따르는가, (5) 과학과 사회와의 관계를 이해하는가, (6) 풍부한 우주관을 가지고 평생 이를 확대시키는가, (7) 과학과 관련된 기술을 개발하는가'로 정의하였다. 이후 Miller(1983)에 의해 이러한 기준은 '과학의 본성을 이해했는지, 과학 내용 지식을 이해했는지, 과학이 사회에 미치는 영향을 이해했는지'의 세 가지 범주로 축약되기도 하였다. 미국에서는 과학기술 지표 조사(Science Engineering Indicators Survey)의 세부 프로젝트로 1979년 이후 매 2년마다 성인을 대상으로 과학적 소양을 측정하고 있다.

Ford(1999)는 학습자들이 과학적 소양을 습득했는지를 〈표 Ⅲ-10〉과 같은 준거로 측정하였다. 그는 탐구과정에서 학습자들이 주장을 얼마나 하고 그때마다 증거를 제시하는지에 관심을 두었다. 또한 주장을 할 때마다 과학적인 태도를 나타내는지, 과학적인 방법을 활용하는지를 분석하고자 하였다. 과학적인 태도를 나타낸다는 것은 학습자들이 학술적인 목적으로 대화를 나누는지, 검증을 통하지 않은 직관적인 해답을 제시하는지를 파악하여 평가할 수 있다. 과학적인 방법에 대한 분석이란 귀납이나 연역, 유추나 추론 등의 탐구 방법을 적용하는지를 분석하는 것이다.

〈표 Ⅲ-10〉 Ford(1999)가 제시한 과학적 소양 습득의 준거

주제	준 거
증거	증거 자료 제시하기
주장	과학적 견해를 주장하기
증거와 주장의 관계	주장과 증거를 연결하기
과학적 행동의 특성	조사, 실험 등의 과학적 활동을 수행하기
과학자들의 특성	과학적 태도를 견지하기

본 연구는 Chi(1997)의 분석 절차에 따라 학습자들이 과학적 소양을 습득했는지를 단계적으로 측정하였다. 학습자들의 담화 내용 중 과학적 소양에 관련된 요인을 추출하고, 탐구과정의 수행 결과를 연구자가 개발한 분석틀에 의해 수량화하였다. 이러한 과정을 〈표 Ⅲ-11〉과 같이 진행하였다.

〈표 Ⅲ-11〉 과학적 소양 습득의 분석 절차

단계	절차	방법
1	관련 담화의 추출 및 선별	과학적 소양에 해당하는 담화만을 추출*
2	추출된 담화의 분절화	추출된 담화를 문장 단위로 분절화
3	코딩의 범주 및 규칙 설정	과학적 소양의 습득에 대한 개념적 분석틀 개발*
4	범주에 맞는 담화를 추출	전체의 담화를 대상으로 측정 지표별 담화를 N6으로 추출 및 정리*
5	추출된 담화를 도식으로 표현	추출된 담화에서 과학적 소양의 습득 과정을 개념도로 작성*
6	도식의 규칙성을 추출	작성된 도식 내부의 관련성을 추출
7	추출한 규칙성을 해석	습득의 수준을 양적으로 계산*
8	전체의 과정을 반복	전체 과정의 오류 확인 및 수정

*는 과학적 지식 이해의 분석 절차와 다른 부분

　단계 3은 학습자들이 과연 어떠한 목적으로 담화를 나누고, 어떻게 자신의 생각을 정리해 가는지에 대한 과학적 수행의 결과를 분석하는 개념적 틀을 개발하는 과정이다. 이 과정은 학습자의 담화 의도가 탐구 목적에 맞는지, 과학적 행동을 하는지를 평가한다. 분석틀이 정한 수행을 하는 경우 과학적 지식을 바르게 활용하는 과학적 소양에 대해 이해하고 있다고 규정하였다. 이러한 분석틀은 Showalter(1974)의 과학적 소양의 이해 수준에 대한 준거와 Ford(1999)가 정한 분석틀에 근거하여 연구자가 과학과 교과전담 교사와의 협의를 통해 개발하였다. 다만 고차원의 준거인 '풍부한 우주관의 확대에 대한 이해, 과학 관련 기술의 개발에 대한 이해'는 성인 학습자에 해당하는 준거로 판단하여 생략하기로 하였다. 〈표 Ⅲ-12〉와 〈표 Ⅲ-13〉은 본 연구가 정한 담화 추출의 근거와 그 예이다.

〈표 Ⅲ-12〉 과학적 소양 습득의 평가 준거

Showalter(1974)	Ford(1999)	본 연구	준 거
과학적 지식의 본성에 대한 이해	증거	지식	·개념을 바르게 알고 있는가? ·지식의 오류를 찾아낼 수 있는가? ·연구문제를 바르게 이해하는가?
과학의 개념, 원리, 법칙, 이론의 적용에 대한 이해	주장	주장	·주장에 맞는 지식을 선정하는가? ·주장하는 내용이 논리적 흐름에 맞는가? (논리적 모순에 빠지지 않는가?)
문제해결, 의사결정 등에 과학적 과정을 적용	주장과 증거의 연결	전개	·주장과 증거를 연결하여 남을 설득하는가? ·발전적인 토론을 하는가? ·탐구과정을 준수하는가?
과학적 가치관에 대한 이해	과학적 행동	태도	·과학자들이 연구를 수행하는 태도에 맞는가?
과학과 사회와의 관계에 대한 이해	과학자들의 특성	기여	·자신의 연구결과를 어딘가에 적용하려는 노력

〈표 Ⅲ-13〉 준거별 담화의 예시

준거	담화의 예시
지식	·상대방 학습자의 주장에 대한 오개념을 찾아내는가?(Miller, 1983) ·새로운 지식을 찾아서 안내하고자 노력하는가? ·정확한 지식을 바르게 이해하여 설명하는가?
주장	·각종 자료와 다른 학습자들의 설명이나 주장을 자신의 주장에 인용하는가? ·증거와 주장을 연결하는가? ·원인과 결과, 조건에 대해 논하는가?
전개	·비판과 수용, 협의를 하는가? ·다른 학습자의 생각을 발전시키는가? ·다른 학습자들의 생각을 종합하는가?
태도	·호기심을 가지고 활동에 임하는가? ·확실한 결론에 이르기까지 극단적인 주장을 하지 않는가? ·의문이 가는 사항을 반드시 질문하는가? ·객관적인 진술로 일관하는가? ·긍정적 반응으로 다른 사람의 의견에 개방적인가?
기여	·자신의 주장에 대한 사회적 용도를 논함 ·자신의 주장의 장단점을 비교하여 차별화를 기함

단계 4는 학습자별로 담화를 추출하고 이를 분석단위에 따라 낱개의 노드로 만드는 과정이다. 분석틀이 제시한 준거에 따라 담화를 문장별로 노드에 저장하고 각각의 노드에 이름을 정해 위계적으로 정리하였다. 문장을 하나하나씩 읽어가며 그 문장이 어떤 노드에 해당하는지를 분류하는 과정이다. [그림 Ⅲ-31]을 보면 N6을 이용해 노드별로 정리된 결과를 확인할 수 있다. 병희라는 학습자에 대해 4개의 단원 주제에 따라 노드를 범주화하고 그 하부에 학습 주제별 활동을 다시 지식, 주장, 전개, 기여로 구분한 것을 볼 수 있다.

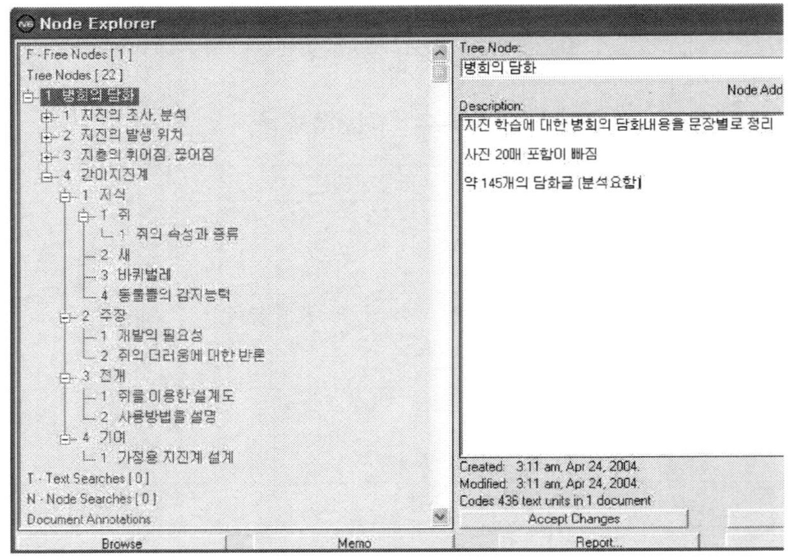

[그림 Ⅲ-31] N6을 이용한 노드의 정리

단계 5는 N6을 통해 정리한 활동별 노드들을 개념도로 나타내는 과정이다. 노드에 나타난 학습자들의 담화를 분석하여 활동과 활동

사이의 관계를 선으로 나타냈다. 개념도를 통해 학습 주제에 대한 개인의 주장과 증거, 기타 활동의 전개 흐름을 파악할 수 있다. 예를 들어 지진에 대한 동물들의 반응을 설명하는 것은 학습자가 이해한 지식을 제시하는 것이다. 이를 증거로 동물들을 활용한 지진계의 개발을 주장하였다면 주장과 증거를 연결하는 유의미한 탐구활동을 한 것이다. 만약 동물 지진계의 개발에 대해 그 실효성을 논박당하고 나서 조원들끼리 대책을 협의하여 가장 적절한 동물을 선택하는 활동을 하였다면, 주장을 발전시키기 위한 전개의 활동을 한 것으로 평가할 수 있다. 만약 자신들이 개발한 동물 지진계의 유용성을 비용, 개발의 용이성, 사용의 편의성에 근거하여 주장하였다면 실생활에 과학적 지식을 적용하는 기여의 활동을 한 것이다. 이러한 분석과정은 Ford(1999)의 방법에 따랐다. 다만 다른 사람의 의견을 수용하고 비판하고 합의하는 과정을 모두 전개라는 틀에 담은 것은 Ford의 방법과 상이하며 이는 과학과 전담교사와의 협의를 통해 결정하였다. [그림 Ⅲ-32]는 학습 주제인 지진계에 대해 특정 학습자가 이론을 전개하는 과정이다.

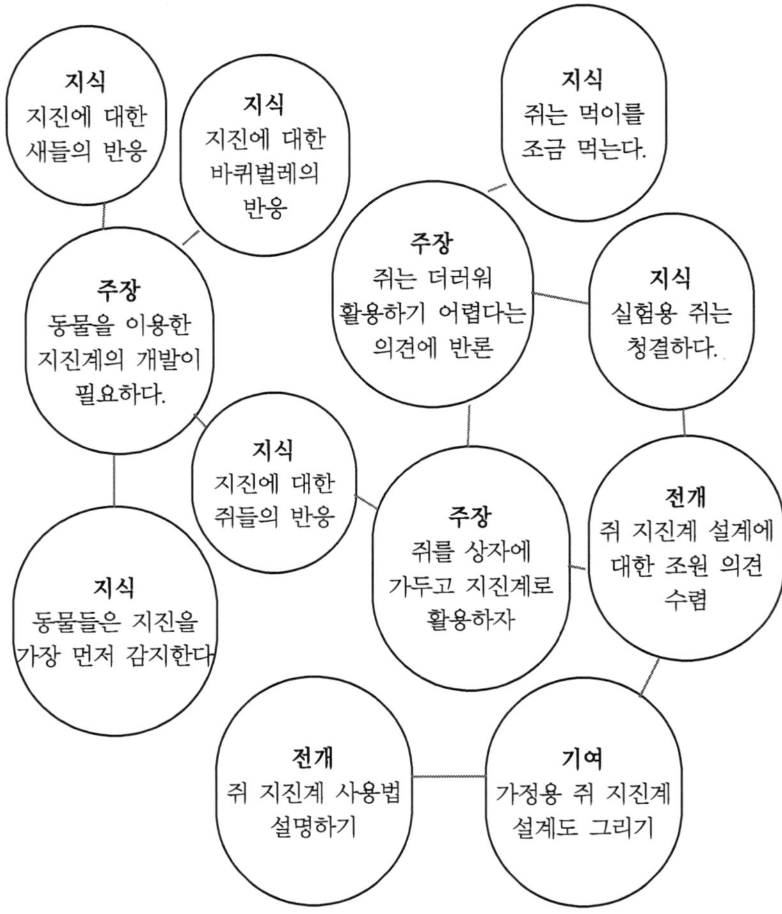

[그림 Ⅲ-32] 지진계에 대한 과학적 활동의 개념도

단계 6은 개념도에서 학습자들 활동의 관련성을 명시하는, 즉 과학적 소양을 습득한 결과로서의 활동을 평가하는 과정이다. 노드를 도식으로 정리한 활동의 개념도를 보면 학습자들이 어떤 논리적 과정을 거쳐 탐구활동을 했는지 알 수 있다. 과학적 지식의 이해가 개념의 이해 과정을 도식화하였다면 과학적 소양의 습득은 과학적 논증활동을 도식화한 것이다. 본 연구는 과학적 수행을 한 것을 과학적인 소양을 이해한 결과로 규정하였다. 그러나 중요한 것은 이러한 수행을 몇 번 했느냐가 아니라 각각의 행동이 연계되었느냐이다. 과학적 소양이란 이렇듯 각각의 활동을 과학적인 방법에 의해 절차적으로 전개하는 능력이기 때문이다(Eisenhart, Finkel, & Marion, 1996). 이러한 연계성은 타당하냐, 타당하지 않느냐, 발전적이냐의 기준으로 분류하였다. 타당하다는 것은 그러한 지식이 그 주장에 합당한지, 활용된 지식이 옳은 것인지, 관련성이 높은지, 올바른 연결인지를 의미한다. 타당하지 않느냐는 그 반대의 경우이다. 발전적이냐는 논리적인 시행착오를 거쳐 더 나은 이론으로 전개되었는지를 의미한다. [그림 Ⅲ-33]은 이러한 기준에 따라 관계의 강도를 정리한 것이다. 타당한 경우 'v'를, 타당하지 않은 경우 'w'를, 발전적인 경우 'p'를 표시하였다. 이는 주장과 근거의 연결이 올바르게 진행되었는지, 발전적인 논의였는지를 평가하는 것이다. p는 전개에서 기여로 연결되는 경우에만 표시하였다. 결국 기여는 발전적인 이론의 전개에 해당하기 때문이다. 그리고 무엇보다도 분석틀에서 규정한 준거에 따라 학습자들이 과학적 태도를 보인 활동의 경우를 원으로 표시하였다.

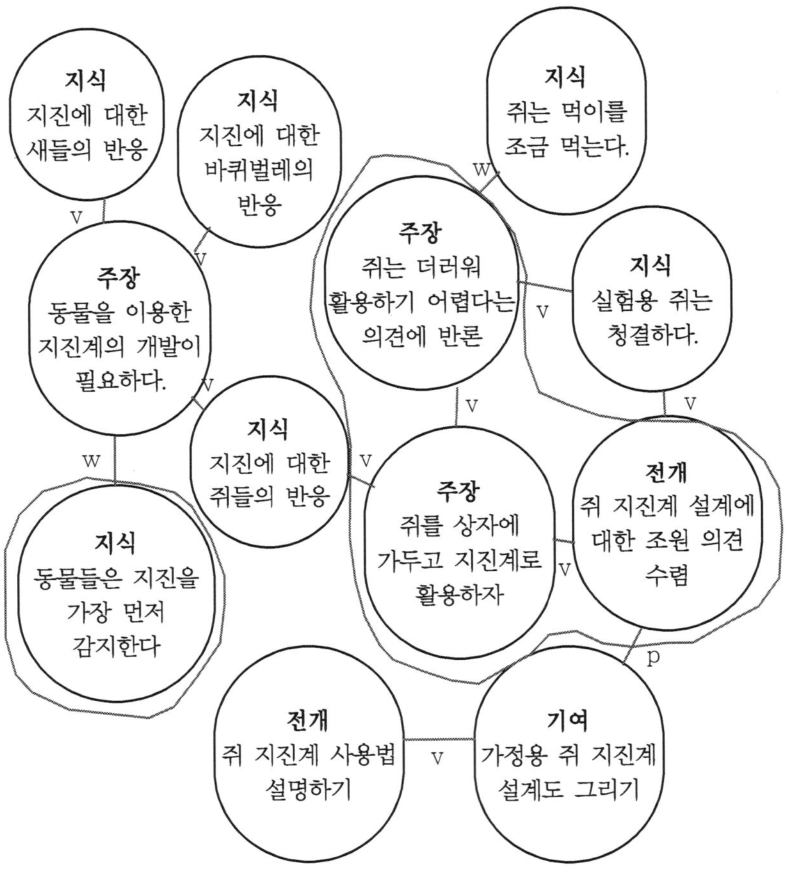

[그림 Ⅲ-33] 노드 사이의 관련성을 평가한 결과

단계 7은 도식화된 주장과 증거제시 활동의 관련성을 점수로 산출하는 과정이다. 타당한 점수 산출식을 만들기 위해 과학과 전담교사와의 지속적인 협의를 통해 〈표Ⅲ-14〉와 같은 개인별 점수 산출의 근거를 확정하였다.

<표 Ⅲ-14> 과학적 소양의 습득 점수의 산출 근거

준거	산출 근거
v에 연결된 지식(k) 노드의 수(v·k)	학습자들이 얼마나 많은 과학적 지식을 기존에 알고 있으며, 주장이나 전개에 필요한 지식으로 연결하였는지 그 효용성을 측정할 기준임. 학습자가 실재로 그 지식을 이해했는지의 여부를 알 수 없으므로 유의미하게 사용하였는지를 평가하는 것 *v와 k를 곱하는 것은 하나의 지식 노드가 두 개의 주장 등에 바르게 사용된 것으로 단일 지식이 여러 번 활용된 경우를 가중치로 고려한 결과
w에 연결된 지식(k) 노드의 수(w·k)	학습자가 오개념을 주장이나 전개에 사용한 경우로 검증 없이 지식을 활용하는 감점 요인, 과학적 태도로 보기 어려움 *v와 k를 곱하는 것은 하나의 지식 노드가 두 개의 주장 등에 바르지 못하게 사용된 것으로 단일 지식이 여러 번 활용된 경우를 가중치로 고려한 결과
v에 연결된 주장의 노드 수(v·i)	얼마나 활발하게 가설이나 이론을 만들어 내고 자신의 의견을 피력했는지를 나타내는 중요 지수임. 주장의 옳고 그름, 올바른 지식의 활용 여부에 상관 없이 역동적인 과학적 의욕을 짐작할 수 있음 *w에 연결된 경우, 오류로 인정되나 과학적 주장이 항상 옳을 수는 없으므로 이를 별도로 감산하지 않음 (지식은 반드시 옳아야 한다는 기준과 대조적임)
v에 연결된 전개(d) 노드의 수(2·v·d)	학습자들이 과학적 논쟁을 거쳐 이론을 발전시킨 결과로 주장을 설득시켜 이론으로 이끌어낸 바람직한 과학적 소양 *주장과 같은 이유로 w를 고려하지 않으며 주장에 비해 중요한 요인이므로 2배의 가중치를 부여함
p에 연결된 기여(h) 노드의 수(3·p·h)	과학적인 이론을 실생활에 적용시킨 가장 바람직한 경우의 활동으로 자신의 이론을 일반화시킨 노력으로 인정됨 *주장과 같은 이유로 x를 고려하지 않으며 전개에 비해 중요한 요인이므로 3배의 가중치를 부여함
태도에 해당하는 노드의 수(a)	과학적 행동에 근거한 모습으로 과학적인 가치관을 드러내는 요인임 * 태도는 부가점으로 고려함

점수 산출 근거에 따라 [그림 Ⅲ-34]와 같은 과학적 소양 습득 점수 산출식을 만들었다. 이러한 식은 전체 노드와 링크에 대한 유의미한 노드와 링크의 연결 비율을 산출하는 식이다. 유의미한 노드의 수나 연결의 빈도를 점수로 나타내지만 이를 전체 노드 수로 나누어 준 것은 학습자들이 무분별하게 지식이나 주장을 남발하는 경우, 전체 노드와 링크에 대한 유의미한 활동의 비율을 추출하기 위해서이다. [그림 Ⅲ-33]의 개념도를 점수로 산출한 결과는 1.25이다.

$$U = \frac{\Sigma v{\cdot}k - \Sigma w{\cdot}k + \Sigma v{\cdot}i + \Sigma 2{\cdot}v{\cdot}d + \Sigma 3{\cdot}p{\cdot}h + a}{N+L}$$

U: 과학적 소양의 습득 점수
v: 적합한 관계 개수
w: 부적합한 관계 개수
i: 주장의 노드 개수
d: 전개의 노드 개수
h: 기여의 노드 개수
a: 과학적 태도의 노드 개수
N: 전체 노드 개수
L: 전체 링크의 개수

[그림 Ⅲ-34] 과학적 소양의 습득 점수에 대한 산출식

라. 집단별 탐구상황에 대한 분석

탐구상황이란 학습자들이 어떠한 의도로 탐구활동을 했는지를 의미한다. 과학적 지식이나 소양의 습득이 학습자 개인이 어느 정도의 과학적 인지 수준에 도달했는가를 측정한 것이라면, 탐구상황은 집단이 채택한 탐구활동의 유형을 분석하기 위한 것이다. NAEP(2000)는

탐구활동의 의도가 '순수하게 과학적 탐구를 위한 것이었는지, 개인적인 성취를 위한 것이었는지, 사회에 영향을 미치고자 하는 활동이었는지, 과학 기술 자체의 발전을 위한 활동이었는지'로 탐구의 상황을 분류하였다. 결국 탐구상황에 대한 분석은 학습자들이 어떤 종류의 상호 작용을 주고받으며, 어떠한 방향으로 탐구를 진행하였는지 그 패턴을 알고자 하는 것에 목적이 있다. 본 연구는 집단별로 CSILE가 각기 다른 탐구과정을 수행하도록 지원하였다. 이러한 탐구과정 지원방식에 따라 집단의 탐구상황을 학습자들이 주고받은 메시지를 분석하여 그 의미를 해석하였다. 이를 위해 연구자는 NAEP의 분석틀을 세분화하여 메시지를 분류하기 위한 지표를 수정·보완하였다. NAEP의 분석틀은 성인을 기준으로 탐구의 상황을 구분했기 때문에 초등학교 아동들에 맞는 구체적인 분석틀이 필요했기 때문이다. 본 연구에서 실시간·비실시간 메시지를 유형별로 분류하기 위한 분석틀과 주요 지표는 〈표 Ⅲ-15〉와 같다.

〈표 Ⅲ-15〉 탐구상황에 대한 상호 작용 메시지 분석틀

NAEP(2000)	본 연구	하위단계별 분석내용
과학적 상황 (scientific context)	학술지향적 (studies oriented: SO)	과학적 절차와 방법을 중시하고 현상의 발견이나 이론의 창출을 강조하는 경우
	문제지향적 (problem oriented: PO)	탐구과정을 문제해결을 위한 수단으로 인식하거나 활용하는 경우
개인적 상황 (personal context)	과제지향적 (task oriented: TO)	단지 탐구활동을 과제해결을 위한 수단으로 인식하는 경우 (학습자의 최종 학습목표가 과제해결에 있는 경우)
	이해지향적 (learning oriented: LO)	개인의 호기심 충족이나 학습 능력의 증진을 위해 노력하는 경우
사회적 상황 (social context)	협력지향적 (collaboration oriented: CO)	의견의 수렴이나 절충을 통해 협력의 탐구과정을 중요시하는 경우
	논쟁지향적 (argument oriented: AO)	동료 학습자와의 논쟁을 선호하고 탐구과정에서 비판과 설득의 활동을 하는 경우
기술적 상황 (technological context)	실용지향적 (utilization oriented: UO)	과학적 이론이 어떻게 실천되고 활용되는지에 관심을 가지는 경우

과학적 상황의 학술지향적, 문제지향적이라는 분류는 Joice, Weil & Calhoun(2000)의 탐구모형에서 학습자들이 탐구학습에서 보이는 과학적인 성향의 분석 결과를 참고로 하였다. 개인적인 상황에서의 과제지향적, 이해지향적의 분류는 Hewitt(2002)의 연구결과를 참고하였다. 사회적 상황에서의 협력지향적, 논쟁지향적 분류는 Bell(2002)의 과학과 탐구학습 지원도구(sense maker)에 대한 연구결과를 참고로 하였

다. 기술적 상황에 대한 측정은 NAEP(2000)의 기준에 따랐다.

본 연구에서 사용한 탐구상황 분석틀에 따라 분류한 상호 작용 메시지 예제는 [부록 9]에 제시하였다. 연구자는 학습자의 상호 작용 메시지를 의미단위(meaning unit)로 분석하였다. 이때 역시 N6을 이용해 문장 중심의 노드를 작성하였다. 각각의 문장에 대한 주관적인 해석을 줄이기 위해 40개의 문장을 사전에 추출하여 예비 평정을 하였다. 평정자들에게는 관찰자 간 신뢰도를 높이기 위해 사전 교육을 하였으며 예비 평정 결과, 평정자 간 메시지 분석의 일치도가 89%로 비교적 높게 나왔다. 평정자는 연구자와 과학과 전담교사 2명이었다.

마. 집단별 탐구모형에 대한 분석

탐구모형은 탐구상황과 다르게 다양한 상호 작용을 환경이라는 요인과 관련지어 설명하는 수단이다. 과학적 지식이나 소양의 이해가 학습자들의 인지과정을 분석하였고, 탐구상황이 집단의 탐구 의도를 분석하였다면 탐구모형의 분석은 학습자들이 탐구하는 장면을 역동적인 개념모형으로 설명한다. 탐구모형의 분석은 상황과 맥락을 기준으로 사건이 일어난 원인과 결과를 분석하여 사회적인 지식구축의 현상을 묘사하기 때문에 종합적인 분석 방법이라 할 수 있다. 이를 위해 Strauss와 Corbin(1998)이 개발한 근거이론을 적용하였다. 근거이론은 CSILE에서의 협력학습을 가장 잘 이해할 수 있는 질적 연구방법이다. 본 연구는 근거이론의 절차에 따라 〈표 Ⅲ-16〉과 같이 연구를 수행하였다.

〈표 Ⅲ-16〉 본 연구에 적용한 근거이론의 절차

근거이론 절차	분석 방법	분석 내용
개방적 코딩	개념의 범주화	분석단위에 따라 관찰한 내용에서 범주를 추출하고 그 범주에 이름을 정함
중추적 코딩	범주의 분석	추출한 범주에서 인과적 조건은 무엇인지, 중심 현상은 무엇인지, 맥락은 무엇인지, 중재상황은 무엇인지, 전략은 어떠한 것들이 사용되었는지, 어떤 결과로 이어졌는지를 분석함
선택적 코딩	자료의 가설적 정형화와 관계 진술	핵심범주와 하위범주들이 어떻게 연결되었는지 정해진 범주들 간의 관계를 가설로 정리함
	가설적 관계 개요	분석 결과 드러나 범주들의 관계를 가상적인 스토리로 예상하여 작성함
이론적 코딩	유형 분석	범주 사이에 반복적으로 나타나는 관계를 정형화하여 유형으로 도출함
	개념모형의 도출	범주 사이의 관계와 유형에 따라 개념모형을 작성함

개방적 코딩의 과정에서는, 학습자들의 상호 작용을 분석단위인 문장별로 정리하고, 그러한 내용이 어떤 개념을 의미하는지 이름을 정한다. 각각의 분석단위에 대해 범주명을 정하는 과정이다. 이러한 범주화의 과정에서 연구자의 주관에 따라 자유롭게 범주명을 정하므로 개방적이라고 한다. 본 연구는 N6을 이용해 학습자들의 담화를 노드별로 정리하고 각각의 노드에 이름을 정하였다. [그림 Ⅲ-35]는 N6에서 하나의 노드를 여러 개의 범주명으로 저장한 결과이다.

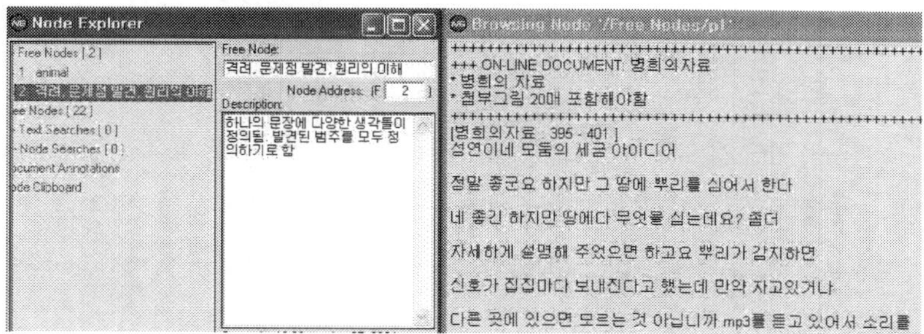

[그림 Ⅲ-35] N6에서의 개방적 코딩 결과

　중추적 코딩의 과정에서는, 개방적 코딩으로 범주가 정해진 자료를 다시 한번 상위의 범주로 묶는다. 이렇게 정해진 상위범주를 근거이론의 패러다임에 따라 인과적 조건, 중심 현상, 맥락, 중재상황, 전략, 결과라는 범주로 다시 구분한다. [그림 Ⅲ-36]은 연구자의 선행연구(김동식, 김지일, 2003)를 통해 추출한 범주화의 예를 보여준다.

개념	하위범주	상위범주	패러다임
과제에 치중, 문제 상황을 파악, 평가 지향적, 결과를 예상, 지시사항 파악, 조건의 파악, 목표를 질문	목표 찾기	외적 자극	인과적 조건
정보의 오류, 오류의 지적, 비약적 추측, 오류의 수정	오류		
인신공격, 불성실 비난, 토론 불참 비난, 글의 완성도 비난	비난		
할 수 있다는 신념, 자긍심, 보람, 희망적 분위기, 개선의지, 만족감, 자신의 기여도 평가, 주관적 해석, 자기반성	개인의 신념		
교사에 대한 개인적 질문, 활동 절차에 대한 의문, 의미 없는 핵심적인 질문, 학습 프로그램에 대한 문의, 궁 … 희망		내적 자극	

[그림 Ⅲ-36] 중추적 코딩의 범주화 예

이어지는 중추적 코딩의 핵심 작업은 이렇게 정해진 범주들을 패러다임별로 관계를 분석하는 작업이다. 각각의 패러다임별로 속성과 정도라는 기준에 의해 범주 간 관계의 강도나 특징을 정의하는 작업이다. 예를 들어 인과적 조건이라는 패러다임에 해당하는 범주로 외적 자극과 내적 자극이 추출되었다면 자극의 속성을 빈도와 강도로 정의할 수 있다. 빈도는 얼마나 자주 학습자들이 논했는지, 강도는 얼마나 강하게 피력했는지를 의미한다. 이러한 과정에서는 발견된 범주를 가장 잘 설명할 수 있는 속성과 정도를 정하는 것이 중요하다.

<표 Ⅲ-17> 인과적 조건의 속성과 정도를 정한 예
(김동식, 김지일, 2003)

범주	속성	정도
외적 자극	빈도/강도	잦음 - 드묾/강 - 약
내적 자극	빈도/강도	잦음 - 드묾/강 - 약

선택적 코딩에서는 근거자료의 사례와 분석 결과를 지속적으로 비교하여 핵심범주와 하위범주들이 어떻게 연결되었는지를 분석하였다. 이는 근거이론의 패러다임인 맥락과 중재상황의 범주들이 중심 현상과 어떠한 관계에 있는지를 다양한 경우로 가정해보는 과정이다. 근거이론에서는 이러한 과정을 가설적 정형화라 한다. 이어서 연구자는 이러한 가설에 따라 가상적인 스토리를 만들어 내야 한다. 연구자의 경험적 주관에 따라 이러한 관계들이 어떻게 연결된 것인지 추측하여 이야기로 구성하는 것이다. 근거이론에서는 이러한 스토리를 가설적 관계 개요라 한다. 예를 들면 CSILE에서 어떤 현상이 자주 발생

하는 데 그 원인은 무엇이며 어떤 맥락에서 발생하였는지를 가정하여 적는 것이다. [그림 Ⅲ-37]은 가설적 정형화와 가설적 관계 개요인 스토리에 대한 작성 예(김동식, 김지일, 2003)이다.

[그림 Ⅲ-37] 가설적 정형화와 가설적 개요 진술의 예

이론적 코딩에서는 일련의 자료 분석 결과와 근거자료를 지속적으로 비교, 검토하여 각 범주들 사이에 반복적으로 나타나는 관계를 정형화하였다. CSILE에서의 탐구활동을 설명할 수 있는 개념적 틀을 구성하는 작업이다. 본 연구는 반복되는 현상에 대한 유형을 기술하고 이 유형을 바탕으로 개념도를 작성하였다. [그림 Ⅲ-38]은 선행연구에서 유형 분석을 통해 도출한 CSILE에서의 공동저술 활동에 대한 개념모형의 예를 나타낸다.

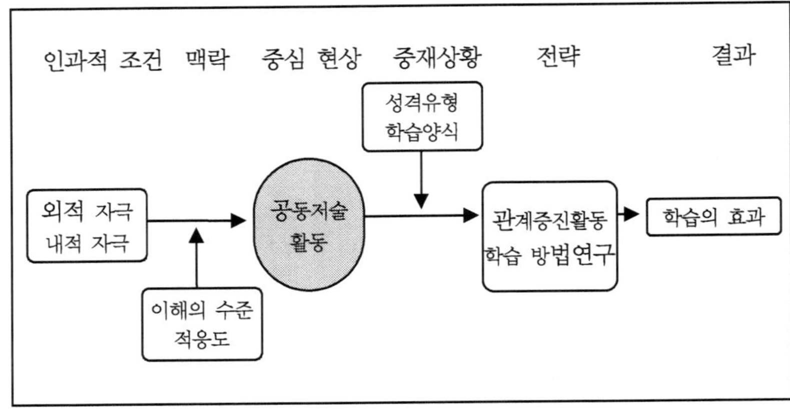

[그림 Ⅲ-38] 근거이론으로 추출하는 개념모형의 예

5. 자료의 수집 및 처리

자료 수집의 기본적인 원칙은 참여관찰이다. CSILE에서의 탐구과정은 교사의 역할이 중요하며 전문가의 지속적인 안내가 요구된다. 학습활동에 함께 참여한 연구자는 학습자들에게 허용된 관찰자로서 교실 구석구석에서 그리고 가상의 공간에서 그들이 어떤 활동을 하는지 좀더 자세히 조사할 수 있었다.

본 연구에서는 두 개의 학습공간이 주어진다. CSILE와 교실의 상황이다. CSILE에서는 학습자의 인지적 활동은 대부분 글이나 그래픽 등을 통해 다른 학습자들에게 나타내어진다. 이러한 자료는 모두 시스템에 DB로 저장되기 때문에 수집이 용이하다. 이렇게 수집된 자료는 질적 자료 분석 프로그램인 N6에 저장하고 연구를 진행하며 분석을 병행하였다. 연구과정 중에 수집한 자료를 분석하는 것은 과정 분석의 결과를 통해 앞으로의 관찰에 대한 아이디어를 얻을 수 있기 때문이다. 교실에서의 탐구과정은 집단별 튜터 3인에 의해 전사(transcription)되었다. 이들 튜터는 과학교육을 전공하는 대학생 3명이며, 관찰자 간 평정의 신뢰도를 얻기 위해 각자의 전사 자료를 상호 비교, 분석하여 조율하는 과정을 반복하였다.

본 연구의 사전 검사인 과학과 배경지식 점수와, 인터넷 활용능력 검사 점수, 학습양식의 협력적 성향 검사 점수는 SAS 8.1 패키지를 활용해 일원분산분석(One-way ANOVA)으로 분석하였다(부록 5 참조). 사후검사를 통해 얻은 학습자 탐구능력, 과학적 지식의 이해, 과학적 소양의 습득 점수 역시 SAS 8.1 패키지를 활용해 일원분산분석을 실시하였다. 탐구상황은 메시지 분석틀에 맞추어 추출한 집단별 메시지의 빈도를 분석하기 위해 χ^2 검증을 하였다. 한편 탐구모형의 분석을 비롯한 질적 자료의 수집과 분석과정에 대해 과학과 전담교사 2인과의 지속적인 논의가 있었으며 전문가 2인으로부터 분석 결과에 대한 주기적 검토를 받았다.

IV

결과 및 해석

본 연구의 결과 및 해석은 1) 학습자 개인의 탐구결과 분석, 2) 집단의 탐구상황 분석, 3) 집단의 탐구모형 분석을 중심으로 전개하였다.

1. CSILE의 탐구과정 지원방식에 따른 학습자 개인의 탐구결과 분석

[연구문제 1]

CSILE의 탐구과정 지원방식(기초탐구과정 지원, 통합탐구과정 지원, 전체 탐구과정 지원)은 학습자들의 탐구결과에 어떠한 영향을 미치는가?

〈가설 1-1〉

CSILE의 탐구과정 지원방식에 따라 학습자들의 탐구력에 유의미한 차이가 있을 것이다.

〈가설 1-2〉

CSILE의 탐구과정 지원방식에 따라 학습자들의 과학적 지식의 이해에서 유의미한 차이가 있을 것이다.

〈가설 1-3〉

CSILE의 탐구과정 지원방식에 따라 학습자들의 과학적 소양의 습득에서 유의미한 차이가 있을 것이다.

1) CSILE의 탐구과정 지원방식이 탐구력에 미치는 영향

〈가설 1-1〉을 검증하기 위해 측정한 탐구과정 지원방식별 학습자들의 탐구력 검사 점수의 평균 및 표준편차는 〈표 Ⅳ-1〉과 같다.

〈표 Ⅳ-1〉 집단별 탐구력 점수의 평균 및 표준편차

집단	사례 수	평균	표준편차
CSBIP(기초)	16	20.94	3.91
CSIIP(통합)	16	21.50	2.48
CSAIP(전체)	16	17.44	2.28

탐구력 검사 점수의 평균은 CSBIP(기초), CSIIP(통합), CSAIP(전체) 집단의 순이었다. 집단별로 탐구력 검사 점수의 차이가 통계적으로 유의미한지 알아보기 위한 분산분석의 결과는 〈표 Ⅳ-2〉와 같다.

〈표 Ⅳ-2〉 집단별 탐구력 점수의 분산분석 결과

분산원	자승화	자유도	평균 자승화	F값	유의도
집단 간	155.04	2	77.52	8.75	.000
집단 내	398.88	45	8.86		
전 체	553.92	47			

탐구과정 지원방식에 따른 탐구력 검사 점수의 분산분석 결과, 세 집단 간에는 탐구력 검사 점수에 통계적으로 유의미한 차이가 있었다(F=8.75, p<.001). 탐구력 검사 점수가 어느 집단 간에 차이가 있

는지 규명하기 위해 사후검증을 실시한 결과는 〈표Ⅳ-3〉과 같다.

〈표 Ⅳ-3〉 집단 간 탐구력 점수에 대한 Tukey 검증 결과

집단	CSBIP(기초)	CSIIP(통합)	CSAIP(전체)
CSBIP(기초)			
CSIIP(통합)	0.56(.85)		
CSAIP(전체)	3.50(.000)	4.06(.000)	

평균차(유의도)

검증 결과 CSBIP(기초) 집단과 CSIIP(통합) 집단의 탐구력 검사 점수의 평균은 유의미한 차이가 없었으나 CSAIP(전체) 집단의 점수는 CSBIP(기초) 집단의 점수 및 CSIIP(통합) 집단의 점수와 유의미한 차이가 있었다. 실제적 유의성을 알아보기 위해 효과크기[7]를 측정한 결과, CSBIP(기초) 집단과 CSAIP(전체) 집단 간에 1.17, CSIIP(통합) 집단과 CSAIP(전체) 집단 간에 1.36으로 나와 CSBIP(기초) 집단과 CSIIP(통합) 집단이 CSAIP(전체) 집단에 비해 실제적으로 높은 점수를 얻은 것을 알 수 있다. 본 연구는 기존의 세 가지 탐구과정 지원방식을 두 가지 유형으로 다시 분류하여 계획비교를 하였다. 목적은 탐구과정의 수준을 구분하여 지원하는 방식과 구분하지 않고 지원하는 방식의 효과를 비교하기 위해서이다. 한 가지 유형은 CSBIP(기초)와 CSIIP(통합)처럼 탐구과정의 수준을 분리하

---

7) 효과크기(effect size: ES)는 두 집단 간 평균의 차가 실제적으로 유의미한지를 측정하기 위해 사용한다. Cohen은 0.8 이상을 높은 효과크기로, 0.5 이상은 보통, 0.3 이상은 낮은 효과크기로 정의하였다.

여 지원하는 것이며, 다른 유형은 CSAIP(전체)처럼 탐구과정의 수준을 분리하여 지원하지 않는 경우이다. 계획비교의 결과는 〈표 Ⅳ-4〉와 같다.

<표 Ⅳ-4> 집단별 탐구력 점수의 계획비교 결과

대 비	평균차	대비자승화	자유도	평균 자승화	F값	유의도
CSBIP(기초) 대 CSIIP(통합)	.56	2.53	1	2.53	.29	.59
(CSBIP(기초)+CSIIP(통합))/2 대 CSAIP(전체)	3.78	152.51	1	152.51	17.21	.000

〈표 Ⅳ-4〉와 같이 CSBIP(기초) 집단과 CSIIP(통합) 집단의 평균점수 간에 유의미한 차이가 없었으나, 탐구과정을 구분한 경우와 탐구과정을 구분하지 않은 경우의 평균점수 간에는 유의미한 차이가 있었다. 탐구과정을 구분한 경우와 구분하지 않은 경우의 점수 차이에 대한 실제적 유의성을 알아보기 위해 효과크기를 측정한 결과는 1.26으로 탐구과정을 구분한 경우가 구분하지 않은 경우보다 실제적으로 높은 점수를 얻은 것을 알 수 있다.

2) CSILE의 탐구과정 지원방식이 과학적 지식의 이해에 미치는 효과

〈가설 1-2〉를 검증하기 위해 측정한 탐구과정 지원방식별 과학적 지식 이해 점수의 평균 및 표준편차는 〈표 Ⅳ-5〉와 같다.

142

〈표 Ⅳ-5〉 집단별 과학적 지식 이해 점수의 평균 및 표준편차

집단	사례 수	평균	표준편차
CSBIP(기초)	16	118.19	54.76
CSIIP(통합)	16	62.94	33.40
CSAIP(전체)	16	44.50	24.95

과학적 지식의 이해 점수의 평균은 CSBIP(기초), CSIIP(통합), CSAIP(전체) 집단의 순으로 높았다. 집단별로 과학적 지식 이해 점수의 차이가 통계적으로 유의미한지 알아보기 위해 분산분석을 실시한 결과는 〈표 Ⅳ-6〉과 같다.

〈표 Ⅳ-6〉 집단별 과학적 지식 이해 점수의 분산분석 결과

분산원	자승화	자유도	평균 자승화	F값	유의도
집단 간	47052.54	2	23526.27	14.90	.000
집단 내	71043.38	45	1578.74		
전 체	118095.92	47			

탐구과정 지원방식에 따른 과학적 지식의 이해 점수에 대한 분산분석 결과, 세 집단 간에는 과학적 지식의 이해 점수에 통계적으로 유의미한 차이가 있었다(F=14.90, p<.001). 과학적 지식의 이해 점수가 어느 집단 간에 차이가 있는지 규명하기 위해 사후검증을 실시한 결과는 〈표 Ⅳ-7〉과 같다.

〈표 Ⅳ-7〉 집단 간 과학적 지식 이해 점수에 대한 Tukey 검증 결과

집단	CSBIP(기초)	CSIIP(통합)	CSAIP(전체)
CSBIP(기초)			
CSIIP(통합)	55.25(.000)		
CSAIP(전체)	73.69(.000)	18.44(.40)	

평균차(유의도)

검증 결과 CSAIP(전체) 집단과 CSIIP(통합) 집단의 과학적 지식 이해 점수의 평균은 유의미한 차이가 없었으나 CSBIP(기초) 집단의 점수는 CSIIP(통합) 집단의 점수 및 CSAIP(전체) 집단의 점수와 유의미한 차이가 있었다. 실제적 유의성을 알아보기 위해 효과크기를 측정한 결과, CSBIP(기초) 집단과 CSIIP(통합) 집단 간에 1.39, CSBIP(기초) 집단과 CSAIP(전체) 집단 간에 1.85로 나와 실제적으로 큰 점수의 차이를 나타냈다. CSBIP(기초) 집단이 CSIIP(통합) 집단과 CSAIP(전체) 집단에 비해 높은 점수를 얻은 것을 알 수 있다. CSBIP(기초)와 CSIIP(통합)와 같이 탐구과정의 수준을 분리하는 유형과 CSAIP(전체)와 같이 탐구과정의 수준을 분리하여 지원하지 않는 유형을 계획비교 한 결과는 〈표 Ⅳ-8〉과 같다.

〈표 Ⅳ-8〉 집단별 과학적 지식 이해 점수의 계획비교 결과

대 비	평균차	대비자승화	자유도	평균 자승화	F값	유의도
CSBIP(기초) 대 CSIIP(통합)	55.25	24420.50	1	24420.50	15.47	.000
(CSBIP(기초)+CSIIP(통합))/2 대 CSAIP(전체)	46.07	22632.05	1	22632.05	14.34	.000

144

〈표 Ⅳ-8〉과 같이 CSBIP(기초) 집단과 CSIIP(통합) 집단의 점수 간, 탐구과정을 구분한 경우와 탐구과정을 구분하지 않은 경우의 점수 간에 유의미한 차이가 있었다. 탐구과정을 구분한 경우와 구분하지 않은 경우의 점수 차이에 대한 실제적 유의성을 알아보기 위해 효과크기를 측정한 결과는 1.16으로 탐구과정을 구분한 경우가 구분하지 않은 경우보다 실제적으로 높은 점수를 얻은 것을 알 수 있다.

3) CSILE의 탐구과정 지원방식이 과학적 소양의 습득에 미치는 효과

〈가설 1-3〉을 검증하기 위해 측정한 탐구과정 지원방식별 과학적 소양 습득 점수의 평균 및 표준편차는 〈표 Ⅳ-9〉와 같다.

〈표 Ⅳ-9〉 집단별 과학적 소양 습득 점수의 평균 및 표준편차

집단	사례 수	평균	표준편차
CSBIP(기초)	16	1.00	.26
CSIIP(통합)	16	1.19	.15
CSAIP(전체)	16	.85	.14

과학적 소양 습득 점수의 평균은 CSIIP(통합), CSBIP(기초), CSAIP(전체) 집단의 순으로 높았다. 집단별로 과학적 소양 습득 점수의 차이가 통계적으로 유의미한지 알아보기 위해 분산분석을 실시한 결과는 〈표 Ⅳ-10〉과 같다.

〈표 Ⅳ-10〉 집단별 과학적 소양 습득 점수의 분산분석 결과

분산원	자승화	자유도	평균 자승화	F값	유의도
집단 간	.96	2	.48	13.12	.000
집단 내	1.65	45	.04		
전 체	2.61	47			

탐구과정 지원방식에 따른 과학적 소양 습득 점수에 대한 분산분석 결과, 세 집단 간에는 과학적 소양 습득 점수에 통계적으로 유의미한 차이가 있었다(F=13.12, p<.001). 과학적 소양의 습득 점수가 어느 집단 간에 차이가 있는지 규명하기 위해 사후검증을 실시한 결과는 〈표 Ⅳ-11〉과 같다.

〈표 Ⅳ-11〉 집단별 과학적 소양 습득 점수에 대한 Tukey 검증 결과

집단	CSBIP(기초)	CSIIP(통합)	CSAIP(전체)
CSBIP(기초)			
CSIIP(통합)	0.19(.01)		
CSAIP(전체)	0.15(.08)	0.34(.000)	

평균차(유의도)

검증 결과 CSBIP(기초) 집단과 CSAIP(전체) 집단은 과학적 소양 습득 점수의 평균은 유의미한 차이가 없었으나 CSBIP(기초) 집단의 점수와 CSIIP(통합) 집단의 점수, CSIIP(통합) 집단의 점수와 CSAIP(전체) 집단의 점수 간에는 유의미한 차이가 있는 것으로 나타났다. 실제적 유의성을 알아보기 위해 효과크기를 측정한 결과, CSBIP(기초) 집단과 CSIIP(통합) 집단 간에 0.95, CSIIP(통합) 집단

과 CSAIP(전체) 집단 간에 1.7로 나와 CSIIP(통합) 집단이 CSBIP
(기초) 집단과 CSAIP(전체) 집단보다 실제적으로 높은 점수를 얻은
것을 알 수 있다. CSBIP(기초)와 CSIIP(통합)와 같이 탐구과정의
수준을 구분하는 유형과 CSAIP(전체)처럼 탐구과정의 수준을 구분
하여 지원하지 않는 유형을 계획비교 한 결과는 〈표 Ⅳ-12〉와 같다.

〈표 Ⅳ-12〉 집단별 과학적 소양 습득 점수의 계획비교 결과

대 비	평균차	대비자승화	자유도	평균 자승화	F값	유의도
CSBIP(기초) 대 CSIIP(통합)	.19	.31	1	.31	8.51	.000
(CSBIP(기초)+CSIIP(통합))/2 대 CSAIP(전체)	.25	.65	1	.65	17.21	.000

〈표 Ⅳ-12〉와 같이 CSBIP(기초) 집단과 CSIIP(통합) 집단의 점수
간, 탐구과정을 구분한 경우와 탐구과정을 구분하지 않은 경우의 점
수 간에도 유의미한 차이가 있었다. 탐구과정을 구분한 경우와 구분
하지 않은 경우의 점수 차이에 대한 실제적 유의성을 알아보기 위해
효과크기를 측정한 결과는 1.25로 탐구과정을 구분한 경우가 구분하
지 않은 경우보다 실제적으로 높은 점수를 얻은 것을 알 수 있다.

2. CSILE의 탐구과정 지원방식에 따른 집단의 탐구상황 분석

[연구문제 2]

CSILE의 탐구과정 지원방식(기초탐구과정 지원, 통합탐구과정 지원, 전체 탐구과정 지원)은 집단의 탐구상황에 어떠한 영향을 미치는가?

〈가설 2〉

CSILE의 탐구과정 지원방식에 따라 집단의 탐구상황에 유의미한 차이가 있을 것이다.

본 연구는 CSILE가 탐구과정을 지원하는 방식에 따라 학습자들의 탐구상황이 어떻게 달라지는지 알아보기 위해 NAEP(2000)의 분석틀을 토대로 탐구상황에 관련된 상호 작용 메시지를 학습자 개인별로 분석하였다. 탐구과정의 지원방식별로 1) 집단의 탐구상황이 탐구과정의 지원방식과 관계가 있는지, 2) 집단 간의 탐구상황에 차이가 있는지, 3) 집단별로 각각의 탐구상황 메시지 유형 간에 관계가 있는지를 구분하여 분석하였다.

1) 탐구과정 지원방식과 탐구상황과의 관계 검증 결과

탐구과정 지원방식과 탐구상황과의 관계를 검증하기 위해 집단별 탐구상황 메시지 빈도를 분석한 결과는 〈표 Ⅳ-13〉과 같다.

148

〈표 Ⅳ-13〉 탐구과정 지원방식별 탐구상황 메시지 빈도 분석 결과

항목	학술지향 (SO)	문제지향 (PO)	과제지향 (TO)	이해지향 (LO)	협력지향 (CO)	논쟁지향 (AO)	실용지향 (UO)	χ^2	p
CSBIP (기초)	316 (31.89)	63 (6.36)	60 (6.05)	303 (30.58)	159 (16.04)	52 (5.25)	38 (3.83)		
CSIIP (통합)	89 (9.98)	198 (22.20)	121 (13.57)	61 (6.84)	225 (25.22)	116 (13.00)	82 (9.19)	836.04	.000
CSAIP (전체)	40 (6.61)	35 (5.79)	225 (37.19)	40 (6.61)	130 (21.49)	99 (16.36)	36 (5.95)		

(%)

〈표 Ⅳ-13〉의 분석 결과와 같이 탐구과정 지원방식과 탐구상황 메시지 유형과의 관계는 유의한 것으로 나타났다(χ^2 =836.04, p<.001). 실제적 유의성을 나타내는 Cramer's V값은 0.41로 실제적으로 높은 관계의 유의성을 보이지 않았다.

2) 탐구과정 지원방식별 탐구상황 메시지 점수의 차이 검증 결과

본 연구는 탐구과정 지원방식에 따라 학습자들이 나눈 개인별 탐구상황 메시지의 빈도를 분석하였다. 탐구상황 메시지 빈도에 따라 개인별 점수를 부과하였으며 탐구과정 지원방식별로 메시지 점수의 차이가 있는지 검증하였다. 탐구과정에 따라 측정한 학습자들의 탐구상황별 메시지 점수의 평균과 표준편차는 〈표 Ⅳ-14〉와 같다.

〈표 Ⅳ-14〉 집단별 탐구상황 메시지 점수의 평균 및 표준편차

항목	전체		CSBIP(기초)		CSIIP(통합)		CSAIP(전체)	
	평균	표준편차	평균	표준편차	평균	표준편차	평균	표준편차
학술지향 (SO)	9.27	7.90	19.75	12.44	5.56	7.68	2.50	3.58
문제지향 (PO)	6.17	4.59	3.94	3.07	12.38	9.19	2.19	1.52
과제지향 (TO)	8.46	3.90	3.75	2.74	7.56	6.36	14.06	2.59
이해지향 (LO)	8.42	6.17	18.94	11.38	3.81	4.64	2.50	2.48
협력지향 (CO)	10.71	8.36	9.94	7.05	14.06	11.95	8.13	6.09
논쟁지향 (AO)	5.56	5.15	3.25	2.65	7.25	7.48	6.19	5.33
실용지향 (UO)	3.25	2.96	2.38	2.00	5.13	4.47	2.25	2.41
합계	51.84	39.03	61.95	41.33	55.75	51.77	37.82	24.00

CSBIP(기초) 집단에서 메시지 점수의 평균은 '학술지향, 이해지향, 협력지향, 문제지향, 과제지향, 논쟁지향, 실용지향'의 순으로 나타났다. CSIIP(통합) 집단에서 메시지 점수의 평균은 '협력지향, 문제지향, 과제지향, 논쟁지향, 학술지향, 실용지향, 이해지향'의 순으로 나타났다. CSAIP(전체) 집단에서 메시지 점수의 평균은 '과제지향, 협력지향, 논쟁지향, 학술지향, 이해지향, 실용지향, 문제지향'의 순으로 나타났다. 탐구상황별 메시지 점수가 탐구과정 지원방식에 따라 차이가 있는지 검증하기 위해 각각의 메시지 유형별로 분산 분석한 결과는 〈표 Ⅳ-15〉와 같다.

<표 Ⅳ-15> 집단별 탐구상황 메시지 유형별 점수의 분산분석 결과

메시지 유형	분산원	자승화	자유도	평균 자승화	F값	유의도
학술지향 (SO)	집단 간	2710.54	2	1355.27	17.94	.000
	집단 내	3398.94	45	75.53		
	전 체	6109.48	47			
문제지향 (PO)	집단 간	949.54	2	474.77	14.83	.000
	집단 내	1441.13	45	32.03		
	전 체	2390.67	47			
과제지향 (TO)	집단 간	870.04	2	435.02	23.88	.000
	집단 내	819.88	45	18.22		
	전 체	1689.92	47			
이해지향 (LO)	집단 간	2670.29	2	1335.15	25.51	.000
	집단 내	2355.38	45	52.34		
	전 체	5025.67	47			
협력지향 (CO)	집단 간	296.29	2	148.15	1.94	.16
	집단 내	3441.63	45	76.48		
	전 체	3737.92	47			
논쟁지향 (AO)	집단 간	137.38	2	68.69	2.26	.12
	집단 내	1370.44	45	30.45		
	전 체	1507.81	47			
실용지향 (UO)	집단 간	84.50	2	42.25	4.26	.02
	집단 내	446.50	45	9.92		
	전 체	531.00	47			

탐구상황 메시지 유형별로 각 집단의 점수의 차가 통계적으로 유의미한지 살펴본 결과, 협력지향과 논쟁지향을 제외한 모든 메시지 유형, 즉 학술지향, 문제지향, 과제지향, 이해지향, 실용지향의 메시지 점수가 집단 간에 통계적으로 유의미한 차이가 있는 것으로 나타났다(학술지향: F=17.94, p<.001, 문제지향: F=14.83, p<.001, 과제지향: F=23.88, p<.001, 이해지향: F=25.51, p<.001, 실용지향: F=4.26, p=.02). 통계적으로 유의미한 차이가 있는 것으로 나타난 다섯 가지 메시지 유형의 평균점수 차이를 집단별로 알아보기 위해 〈표 Ⅳ-16〉과 같이 사후검증을 하였다.

<표 Ⅳ-16> 집단 간 탐구상황 메시지 유형별 점수에 대한 Tukey 검증 결과

메시지 유형	집단	CSBIP(기초)	CSIIP(통합)	CSAIP(전체)
학술지향 (SO)	CSBIP(기초)			
	CSIIP(통합)	14.19(.000)		
	CSAIP(전체)	17.25(.000)	3.06(.58)	
문제지향 (PO)	CSBIP(기초)			
	CSIIP(통합)	8.44(.000)		
	CSAIP(전체)	1.75(.66)	10.19(.000)	
과제지향 (TO)	CSBIP(기초)			
	CSIIP(통합)	3.81(.03)		
	CSAIP(전체)	10.31(.000)	6.50(.000)	
이해지향 (LO)	CSBIP(기초)			
	CSIIP(통합)	15.13(.000)		
	CSAIP(전체)	16.44(.000)	1.31(.86)	
실용지향 (UO)	CSBIP(기초)			
	CSIIP(통합)	2.75(.04)		
	CSAIP(전체)	0.13(.99)	2.88(.03)	

평균차(유의도)

〈표 Ⅳ-16〉에 제시된 바와 같이 학술지향의 메시지 점수는 CSBIP(기초) 집단이 각각 CSIIP(통합) 집단 및 CSAIP(전체) 집단과 통계적으로 유의미한 차이가 있었다. 학술지향 메시지의 집단 간 점수 차이에 대한 실제적 유의성을 검증한 결과, CSBIP(기초) 집단이 CSIIP(통합) 집단의 점수(ES=1.63)와 CSAIP(전체) 집단의 점수(ES=1.99)보다 실제적으로 높은 점수를 얻은 것을 알 수 있다. 문제지향의 메시지 점수는 CSBIP(기초) 집단과 CSIIP(통합) 집단 간에, 또한 CSAIP(전체) 집단과 CSIIP(통합) 집단 간에 통계적으로 유의미한 차이가 있었다. 문제지향 메시지의 집단 간 점수 차이에 대한 실제적 유의성을 검증한 결과, CSIIP(통합) 집단이 CSBIP(기초) 집단의 점수($ES=1.49$)와 CSAIP(전체) 집단의 점수($ES=1.8$)보다 실제적으로 높은 점수를 얻은 것을 알 수 있다. 과제지향의 메시지 점수는 세 집단 모두가 서로 통계적으로 유의미한 차이가 있었다. 과제지향 메시지의 집단 간 점수 차이에 대한 실제적 유의성을 검증한 결과, CSAIP(전체) 집단이 CSBIP(기초) 집단의 점수($ES=2.41$)와 CSIIP(통합) 집단의 점수($ES=.89$)보다 실제적으로 높은 점수를 얻은 것을 알 수 있다. 이해지향의 메시지 점수는 CSBIP(기초) 집단이 각각 CSIIP(통합) 집단 및 CSAIP(전체) 집단과 통계적으로 유의미한 차이가 있었다. 이해지향 메시지의 집단 간 점수 차이에 대한 실제적 유의성을 검증한 결과, CSBIP(기초) 집단이 CSIIP(통합) 집단의 점수($ES=2.09$)와 CSAIP(전체) 집단의 점수($ES=1.99$)보다 실제적으로 높은 점수를 얻은 것을 알 수 있다. 실용지향의 메시지 점수는 CSBIP(기초) 집단과 CSIIP(통합) 집단 사이에서, 또한 CSAIP(전체) 집단과 CSIIP(통합) 집단 사이에서 통계적으로 유의미한 차이가 나타났다. 실용지향 메시지의 집단 간 점수 차이에 대한 실제적 유의성을 검증한 결과, CSIIP(통합) 집단이 CSBIP(기초) 집단의 점수($ES=.87$)와 CSAIP(전체) 집단의 점수($ES=.91$)보다 실제적으로 높은 점수를 얻은 것을 알 수 있다.

정리하면 CSBIP(기초) 집단은 CSIIP(통합) 집단과 학술지향과 문제지향, 과제지향, 이해지향, 실용지향 메시지 점수에서 유의미한 차이를 나타내었으며, CSAIP(전체) 집단과는 학술지향, 과제지향, 이해지향의 메시지 점수에서 유의미한 차이를 나타내었다. CSIIP(통합) 집단은 CSAIP(전체) 집단과 문제지향, 과제지향, 실용지향 점수에서 통계적으로 유의미한 차이를 나타내었다.

3) 집단별 탐구상황 메시지 유형 간의 상관관계 분석 결과

집단별로 탐구상황 메시지 유형 간의 상관관계를 규명하기 위해 상관관계 분석을 하였으며, 그 결과는 〈표 Ⅳ-17〉과 같다.

〈표 Ⅳ-17〉 탐구상황 메시지 유형 간의 상관관계(전체)

메시지 유형	학술지향 (SO)	문제지향 (PO)	과제지향 (TO)	이해지향 (LO)	협력지향 (CO)	논쟁지향 (AO)	실용지향 (UO)
학술지향 (SO)	1.00						
문제지향 (PO)	.17 (.26)	1.00					
과제지향 (TO)	.25 (.09)	.16 (.27)	1.00				
이해지향 (LO)	.75 (.000)	.05 (.76)	.17 (.24)	1.00			
협력지향 (CO)	.24 (.10)	.68 (.000)	.45 (.000)	.24 (.10)	1.00		
논쟁지향 (AO)	.03 (.85)	.58 (.000)	.56 (.000)	.02 (.89)	.64 (.000)	1.00	
실용지향 (UO)	.10 (.48)	.49 (.000)	.31 (.03)	.17 (.25)	.51 (.000)	.47 (.000)	1.00

（유의도）

세 집단 학습자 전체의 탐구상황 메시지 유형 간 상관관계를 분석한 결과, '학술지향-이해지향, 문제지향-협력지향, 문제지향-논쟁

154

지향, 문제지향-실용지향, 과제지향-협력지향, 과제지향-논쟁지향, 과제지향-실용지향, 협력지향-실용지향, 논쟁지향-실용지향'이 통계적으로 유의미한 상관이 있는 것으로 나타났다. 집단의 협력이나 논쟁의 상호 작용이 과제해결이나 문제해결의 상호 작용과 관련성이 높음을 알 수 있다.

한편 탐구과정 지원방식이 CSBIP(기초)인 집단에서 탐구상황 메시지 유형 간의 상관관계를 알아본 결과는 〈표 Ⅳ-18〉과 같다.

〈표 Ⅳ-18〉 탐구상황 메시지 유형 간의 상관관계(CSBIP(기초))

메시지유형	학술지향 (SO)	문제지향 (PO)	과제지향 (TO)	이해지향 (LO)	협력지향 (CO)	논쟁지향 (AO)	실용지향 (UO)
학술지향 (SO)	1.00						
문제지향 (PO)	.43 (.09)	1.00					
과제지향 (TO)	.18 (.49)	.38 (.15)	1.00				
이해지향 (LO)	.79 (.000)	.40 (.13)	.27 (.32)	1.00			
협력지향 (CO)	.24 (.38)	.69 (.000)	.27 (.31)	.28 (.28)	1.00		
논쟁지향 (AO)	.40 (.12)	.30 (.26)	.06 (.83)	.26 (.32)	.20 (.45)	1.00	
실용지향 (UO)	.11 (.68)	.03 (.92)	.25 (.36)	.02 (.94)	.03 (93)	.38 (.15)	1.00

(유의도)

저차원의 탐구과정을 지원하는 CSBIP(기초) 집단에서 탐구상황 메시지 유형 간의 관련성을 분석한 결과, 메시지 유형 간에는 '학술지향-이해지향, 문제지향-협력지향'이 통계적으로 유의미한 상관이 있는 것으로 나타났다. 저차원의 탐구과정에서는 학술지향의 상호 작용과 이해지향의 상호 작용이 비례함을 알 수 있다.

한편 탐구과정 지원방식이 CSIIP(통합)인 집단에서 탐구상황 메시지 유형 간의 상관관계를 알아본 결과는 〈표 Ⅳ-19〉와 같다.

〈표 Ⅳ-19〉 탐구상황 메시지 유형 간의 상관관계(CSIIP(통합))

메시지지유형	학술지향 (SO)	문제지향 (PO)	과제지향 (TO)	이해지향 (LO)	협력지향 (CO)	논쟁지향 (AO)	실용지향 (UO)
학술지향 (SO)	1.00						
문제지향 (PO)	.61 (.000)	1.00					
과제지향 (TO)	.46 (.08)	.51 (.04)	1.00				
이해지향 (LO)	.31 (.24)	.46 (.07)	.80 (.000)	1.00			
협력지향 (CO)	.55 (.03)	.82 (.000)	.83 (.000)	.76 (.000)	1.00		
논쟁지향 (AO)	.63 (.000)	.74 (.000)	.85 (.000)	.80 (.000)	.87 (.000)	1.00	
실용지향 (UO)	.14 (.61)	.38 (.15)	.68 (.000)	.64 (.000)	.62 (.000)	.50 (.04)	1.00

(유의도)

고차원의 탐구과정을 지원하는 CSIIP(통합) 집단에서 탐구상황 메시지 유형 간의 관련성을 살펴본 결과, 메시지 유형 간에는 '학술지향-문제지향, 학술지향-협력지향, 학술지향-논쟁지향, 문제지향-협력지향, 문제지향-논쟁지향, 과제지향-이해지향, 과제지향-협력지향, 과제지향-논쟁지향, 과제지향-실용지향, 이해지향-협력지향, 이해지향-논쟁지향, 이해지향-실용지향, 협력지향-논쟁지향, 협력지향-실용지향, 논쟁지향-실용지향'이 통계적으로 유의미한 상관이 있는 것으로

156

나타났다. 고차원의 탐구과정을 지원하는 경우, 다양한 논쟁과 협력, 과제 수행을 위한 상호 작용이 서로 유의미하게 관련되는 것을 알 수 있다.

한편 고차원과 저차원의 탐구과정을 모두 지원하는 CSAIP(전체) 집단에서 탐구상황 메시지 유형 간의 상관관계를 알아본 결과는 〈표 IV-20〉과 같다.

<표 IV-20> 탐구상황 메시지 유형 간의 상관관계(CSAIP(전체))

메시지유형	학술지향 (SO)	문제지향 (PO)	과제지향 (TO)	이해지향 (LO)	협력지향 (CO)	논쟁지향 (AO)	실용지향 (UO)
학술지향 (SO)	1.00						
문제지향 (PO)	.02 (.95)	1.00					
과제지향 (TO)	.50 (.04)	.02 (.94)	1.00				
이해지향 (LO)	.81 (.000)	.13 (.62)	.57 (.02)	1.00			
협력지향 (CO)	.43 (.10)	.21 (.44)	.77 (.000)	.56 (.02)	1.00		
논쟁지향 (AO)	.07 (.79)	.36 (.17)	.01 (.97)	.22 (.41)	.42 (.11)	1.00	
실용지향 (UO)	.04 (.89)	.13 (.62)	.11 (.67)	.37 (.16)	.28 (.29)	.58 (.02)	1.00

（유의도）

고차원과 저차원의 탐구과정을 모두 지원하는 CSIIP(통합) 집단에서 탐구상황 메시지 유형 간의 관련성을 살펴본 결과, 메시지 유형 간에는 '학술지향-과제지향, 학술지향-이해지향, 과제지향-이해지향, 과제지향-협력지향, 이해지향-협력지향, 논쟁지향-실용지향'이 통계적으로 유의미한 상관이 있는 것으로 나타났다.

정리하면 3개 집단의 메시지 유형은 과제나 문제해결에 대한 상호 작용이 늘어날수록 협력적, 논쟁적 상호 작용이 늘어났다. CSBIP(기초) 집단에서는 주로 학술지향의 메시지와 이해지향의 메시지가 관련이 깊었으며, CSIIP(통합) 집단은 과제지향, 협력지향, 이해지향, 논쟁지향의 상호 작용이 서로 밀접하게 관련된 것을 알 수 있다. CSAIP(전체) 집단은 과제를 해결하기 위한 상호 작용이 활발해질수록 논쟁과 협력지향적인 메시지를 교환했음을 알 수 있다.

3. CSILE의 탐구과정 지원방식에 따른 집단의 탐구모형 분석

[연구문제 3]

CSILE의 탐구과정 지원방식(기초탐구과정 지원, 통합탐구과정 지원, 전체 탐구과정 지원)은 집단의 탐구모형에 어떠한 영향을 미치는가?

〈가설 3〉

CSILE의 탐구과정 지원방식에 따라 집단의 탐구모형에 유의미한 차이가 있을 것이다.

본 연구는 CSILE의 탐구과정 지원방식에 따라 학습자들의 탐구활동이 시간에 따라 어떻게 변하는지 관찰한 자료를 근거이론의 절차에 따라 분석하였다. 개념의 범주화, 패러다임별 범주 설정 및 분석, 자료의 가설적 정형화, 가설적 관계 개요의 설정, 유형 분석이라는 근거이론의 절차에 따라 세 가지 탐구과정 지원방식에 따른 집단별 탐구모형을 다음과 같이 도출하였다.

1) 개념의 범주화

관찰 자료에서 추출한 개념은 CSBIP(기초) 집단의 경우, 107개이며 이 중 유사한 개념들을 묶어 모두 17개의 하위범주로 분류하고 이를 다시 11개의 상위범주로 나타내었다. 그 결과는 〈표 Ⅳ-21〉과 같다. CSIIP(통합) 집단의 경우, 추출한 개념은 131개이며 이 중 유사한 개념들을 묶어 모두 21개의 하위범주로 분류하고 이를 다시 12개의 상위범주로 나타내었다. 그 결과는 〈표 Ⅳ-22〉와 같다. CSAIP(전체) 집단의 경우, 추출한 개념은 115개이며 이 중 유사한 개념들을 묶어 모두 18개의 하위범주로 분류하고 이를 다시 11개의 상위범주로 나타내었다. 그 결과는 〈표 Ⅳ-23〉과 같다. 다음은 개념 추출의 예이다.

A 문희정: [더 나은 이론입니다] 지층이 휘어지는 까닭이야……지구 내부를 보면 지각 아래 맨틀이 있어. 쉽게 말해 마그마라 보시면 돼……맨틀의 하부는 뜨겁고 상부는 차가워 － －; 뜨거운 건 위로 가고 찬 건 아래로 가. 이런 이유로 맨틀은 움직이는 거야. 위에 있는 것이 내려가고 아래에 있는 것이 위로 가려고 하니 － －; 이것이 맨틀의 대류라는 건데 맨틀이 움직이면서 땅들도 같이 움직여서 지층이 끊어지고 때로는 서로 미는 힘이 작용해서 휘어지기도 해. 이해할 수는 있겠니? 내가 너무 쉽게 설명했나? 쩜쩜쩜……

▶ (지진 관련 자료 수집 결과 해석, 이해한 바의 재해석, 상대방의
　이해 여부 확인)

B 원성연: [나의 이론입니다] 그게 뭔데? 우리나라는 약진이기 때문
에 친화적 물질이 뭔지는 모르겠지만 데이터 칩을 땅에 심는 것보다
는 내가 맨 처음에 말한 것처럼 땅을 적당량 판 후에 물을 조금 채
우고 지진을 측정하는 온도계 같은 것을 넣는 게 좋겠어. 수정한 의
견으로는 그렇게 하면 돈이 너무 많이 들어가기 때문에 어쩔 수 없
이 처음보다 크게 잡아서 해야 돼. 어린이들은 삐삐를 갖고 다니고
어른들은 휴대폰에 칩을 설치하는 거지.

▶ (이해부족, 가설에 대한 설명, 문제해결 방안 설명, 의견 정정)

C 이소영: [나의 이론입니다.] 그럴 수도 있겠다. 무슨 자연재해로
피난 갔다는 건 좀……ㅎㅎ;; 말이 안 된다. 나의 의견을 말했을 뿐
이야……근데 현영이가 올린 글을 거기에다 옮겼으면 좋겠어. 지구의
겉 표면은 딱딱한데 움직이지 않겠지만 지구 속이 액체라면 지구 속
이 움직여서 지구 겉이 움직인 거 맞지? 그래서 다른 대륙에서 은빛
여우가 나타난 것이야.
▶ (주제를 벗어난 논쟁, 과제의 의도를 무시, 이해가 안 된 개념을
　나열)

〈표 Ⅳ-21〉 근거이론의 패러다임에 따른 CSBIP(기초)에서의
개념 범주화

개 념	하위범주	상위범주	패러다임
목적을 질문, 해야 할 일 논의, 지시사항 확인, 활동방향 및 규약 수립, 목적 재정의	학습취지 확인	탐구 목적 인식	인과적 조건
학습의 주제, 범위, 일정 및 시간 논의, 평가 기준 확인, 학습 방법 확인, CSILE 사용법 질문, 탐구과정 질문, 탐구절차 논의, 면대면 일정 협의	탐구조건 확인		
교사 반응에 민감, 교사의 의도 파악 노력, 교사의 지시사항에 의존, 교사의 응답을 요구	교사 반응에 집중	교사의 동기부여	
프로그램 사용법 문의, 프로그램 사용의 어려움 호소, 프로그램의 기능 발견 및 설명, 프로그램의 문제점 지적, 프로그램 기능 활용 자랑	프로그램 활용법	CSILE 적용도	맥락
학습 주제 구분, 교과서 그림에 대한 질문, 필요한 자료 협의, 학습 주제에 대한 개인별 관심	학습 주제 파악	학습 내용 이해도	
TV 시청 경험, 지진(원인, 피해, 대처 방법)에 대한 추론, 일본의 지진, 국가의 재해 예방 노력, 인간의 과학적 성과(지진 측정에 대한)	지진 관련 선수지식		
지진 관련 자료 수집 결과 해석, 이해한 바의 재해석, 관련 자료의 제시, 반론에 대한 응답, 요구 자료의 재수집, 상대방의 이해 여부 확인	학습내용 설명	이해 증진 활동	중심 현상
오류 지적 및 수정, 모순된 의견에 대한 반발, 학습저해 발언 비판, 의견수렴에 치중, 다양한 근거자료의 요구, 격려, 보고서 작성의 실수 지적	논쟁과 발전		
관찰한 내용의 기술, 관찰 내용의 분류, 관찰 결과의 측정, 탐구내용의 예상, 탐구결과를 추리	탐구과정별 활동	개인별 탐구활동	

개 념	하위범주	상위범주	패러다임
탐구결과에 대한 질문, 격려와 방향 수정, 개인별 이해 정도 평가, 탐구형식에 대한 지적, 조별 성과의 비교, 질문에 대한 응답, 협력의 촉구, 부족한 부분의 지적(확인적, 교정적)	칭찬과 설명	교사의 피드백	중재 상황
이해부족의 비판, 개별 이해 내용의 수정, 내용의 어려움 호소, 관련 자료 부족의 지적, 개념에 대한 질문, 오개념의 진술, 도움의 요청	이해 부족	이해도에 대한 성찰	
성과 부족의 비판, 개인별 성과와 조별 성과를 구분, 자신의 성과에 대한 자랑, 타인의 성과 격려 및 폄하, 노력을 촉구, 학습 및 이해의 만족도	성과의 해석		
자료 출처의 공유, 자료의 수집 및 정리, 자료의 가공, 자료 정리 방법 통일, 자료의 양 논의	자료의 처리	자료 수집 및 정리 요령	전략
자료의 질에 대한 비판 및 격려, 자료의 재수집을 요구, 자료의 정확성을 의심, 자료의 보기 어려움을 지적, 불필요한 자료의 삭제, 자료에 대한 부끄러움 및 자부심	자료의 평가		
글쓰기 방법의 오류 및 이해가 어려움을 지적, 저술의 형식을 논의, 글과 자료의 배치 논의, 의미의 정확성, 짧게 요약을 중요, 적절하지 못한 표현을 지적, 협력적 글쓰기를 강조	글쓰기 방법	저술 요령 습득	
과학적 상식의 확보, 기초 개념의 이해, 심화 개념의 이해, 발전된 학습계획을 수립, 이해의 중요성을 인식, 발견과 이해의 즐거움을 논의, 자신감	이해의 발전	과학적 지식의 이해	결과
과학적 이론의 구축, 개념 중심의 절차적 설명, 보고서의 완성도를 강조, 이론에 대한 동의 얻기, 이론에 대한 반론에 대응하기, 이론의 쓰임새를 강조, 이론을 알리기, 상대방 이론에 대한 평가	이론의 구축		

**〈표 Ⅳ-22〉 근거이론의 패러다임에 따른 CSIIP(통합)에서의
개념 범주화**

개 념	하위범주	상위범주	패러다임
탐구문제 진술, 협의를 통한 탐구문제 재정의, 탐구문제의 성격 추론, 탐구문제의 이해 여부 질문, 탐구문제의 어려움을 토로, 해결 가능성에 대한 자신감 피력 및 독려, 탐구계획의 수립, 해결 기한을 협의	탐구문제 확인	탐구문제 인식	인과적 조건
탐구문제의 조건을 찾기, 문제 상황을 재정의, 자신의 경험을 연결, 해결을 위한 단서 찾기	단서의 점검		
교사의 의도 파악 노력, 평가 기준에 대한 질문, 평가 결과 및 보상에 대한 기대, 교사의 말을 인용하기, 교사의 권위를 도용, 인정받기, 빠른 응답을 강조	평가 기준에 집중	교사의 동기부여	
프로그램 기능 문의, 프로그램 기능 자해석, 영어메뉴의 어려움, 기능 발견 및 자랑, 신비감 피력, 기능 오해, 기능의 비교, 장단점 설명	프로그램 활용법	CSILE 적응도	맥락
탐구과정의 특징, 차이점 설명, 과정별 글 작성의 형식 논의, 글의 적합성 문의, 형식 위반에 대한 문의	형식 논의	탐구과정 이해도	
탐구과정의 순서 강조, 관련성 문의, 탐구과정 이해 부족, 탐구과정의 자해석, 명확한 절차 요구	절차 논의		
구체적인 활동 방법 문의, 논증 과정 이해 부족, 탐구과정의 오류 지적, 정해진 탐구과정만을 정당화	방법 논의		
가설에 대한 설명, 탐구조건에 대한 정의, 조사 자료의 제시, 문제해결 방안 설명, 동의 얻기, 반응 살피기	설득	주장과 근거 중심의 논쟁활동	중심 현상
타인 의견에 대한 반대, 주장의 신빙성 의심, 분개, 인신공격, 이해부족 및 지적, 근거 제시 요구, 논리의 비약, 무조건 반대, 의견 수정 요구에 반감 표시	반박		
의견의 절충, 개인 글의 인용, 협력적 글쓰기, 대안의 제시, 협력적 자료 보완, 남의 글 수정, 의견 정정, 주장 보류, 설명 요구, 중도적 자세	협의	협력적 탐구활동	
문제에 대한 도전감, 해결 방법의 권유, 문제해결안 공인받기, 사례의 제시, 부적절한 해결책, 개선의지, 공동저술, 해결방안의 재검토, 해결안 가치 평가	문제해결		

개 념	하위범주	상위범주	패러다임
응답의 촉구, 메일 활용 제안, 만남의 요구, 발전된 의견의 요구, 글쓰기 빈도 평가, 불성실 비난	상호 작용 촉구	학습자 간 피드백	중재 상황
오개념의 지적, 부적절한 표현 지적, 상대 글 수정	오류 교정		
자신의 기여도 과시, 상대방의 기여도 비판, 개인별 노력의 칭찬, 성과에 대한 자부심, 역량에 대한 자신감	개인의 활동 평가	기여도	
집단별 비교, 집단의 역량 과시, 집단의 단합을 과시, 실적을 나열, 다른 조 활동을 비난, 부러움	집단의 활동 평가		
책임 나누기, 상호 의견 보충하기, 남의 글에 덧붙여 쓰기, 비난의 자제, 의견 종중, 도울 방법, 공감대 형성	협력 요령	협력적 탐구 방법	전략
팀워크의 강조, 화합 조성, 상호 격려, 걱정 토로, 상대방 응답에 감사, 신뢰의 형성, 안부인사	협력적 태도	관계 증진 활동	
경쟁심 자극, 분노를 억제, 핵심적인 역할 선호, 의견의 중재자 역할, 협력결과 평가, 협력의 장점 강조	협력의 촉진		
글쓰기의 형식 논의, 탐구결과 정리 방법 논의, 보고서 특성 조사, 잘된 보고서 제시, 보고서 종류별 분류	보고서의 형식	보고서 작성 방법 연구	
과학적 성취의 자부심, 과학자적 태도의 함양, 과학 탐구과정의 이해, 의문을 갖는 태도, 분석적 표현	소양의 이해	과학적 소양의 습득	결과
보고서의 완성, 다양한 아이디어의 산출, 결과물의 통합 방법 습득, 글쓰기의 향상, 논쟁에 익숙해짐	기능의 획득		

〈표 Ⅳ-23〉 근거이론의 패러다임에 따른 CSAIP(전체)에서의
개념 범주화

개 념	하위범주	상위범주	패러다임
보고서의 수준, 특성, 결과물 처리 방법 논의, 인터넷 활용을 강조, 자료의 수집과 정리를 강조	과제의 성격 파악	학습과제 파악	인과적 조건
과제 내용 재해석, 탐구 주제의 설명, 지진 단원의 나열, 학습내용의 분석, 학습목표의 확인, 탐구문제 확인	과제의 내용 확인		
교사의 요구수준에 관심, 교사 의도 파악 노력, 과제에 대한 질문, 기한, 분량, 평가 기준을 질문, 보상에 대한 질문, 교사의 신속한 응답을 촉구, 교사 반응에 의존	과제의 조건 명세화	교사의 동기 부여	
CSILE의 기능 이해 부족, 이해한 바의 설명, 협력적 도움 주고받기, 사례의 제시 통한 상호 안내, 영어 인터페이스에 대한 불만, 새 창 열기의 문제점 지적	프로그램 활용법	CSILE 적응도	맥락
탐구문제와 과정과의 관계 혼란, 과제를 탐구결과로 인식, 과정보다 결과를 중시, 과제를 다르게 해석, 과제의 의도를 무시, 탐구문제를 이해 못함	과제에 대한 이해부족	과제 이해도	
탐구문제를 재정의, 탐구과제의 절충, 탐구과정의 특성을 설명, 학습목표 인식, 자료 중심, 과제별 목표 설정	과제에 대한 재해석		
주제를 벗어난 논쟁, 개인의 논리를 강조, 자신의 탐구 방법을 권유, 상대방에 대한 불만, 집단의 의사결정에 반발, 자신의 비논리성을 합리화, 불성실의 비난	논쟁을 위한 논쟁	이해가 부족한 논쟁	중심 현상
이해보다 과제해결에 집중, 효율적인 과제 추진 선호, 개념의 무조건적 수용, 자료의 복사와 붙이기, 이해가 안 된 개념을 나열, 질보다는 양을 강조	개념 이해의 경시		
상대방의 역할을 제안, 격려, 칭찬, 사과, 감사, 인정	친화적 의도	협력적 과제 해결	
협력의 효율성 중시, 개인의 참여를 촉구, 협력적 글쓰기의 강조, 분업의 채택, 개인의 봉사를 강조, 다양한 의견 종합하기, 자료 수집의 분담, 자료 정리의 분담, 글쓰기의 분담, 탐구과정의 분담, 과제별 책임 나누기	협력적 활동		

개 념	하위범주	상위범주	패러다임
교사의 평가에 열의 보임, 교사의 지적 무조건 수용, 교사의 지적에 대한 신속한 수정, 교사의 지적에 대한 변명, 교사의 절대적 권위 존중, 좋은 평가가 목표	교사에 의존적	교사의 피드백	중재 상황
무분별한 자료 수집, 자료의 복사와 붙이기, 개인의 노력 과시, 자료의 질 과신, 질보다는 양 중심의 자료 수집, 타인의 성과 비난, 결과 도출의 어려움 토로	개인의 성과 경쟁	경쟁심	
타 집단과의 비교, 집단 작업 결과의 설명, 집단이 탐구과정의 한 영역에 치중, 집단의 성과를 광고, 집단 점수의 산정 요구, 집단에 대한 보상 요구	집단의 성과 경쟁		
마감시간에 임박한 작업, 작업 기한의 설정, 촉박한 시간 설정, 기한 엄수 강조, 작업량의 고려, 신속한 결과 처리를 강조, 탐구과정별 시간 계획, 시간 위반에 대한 처벌규약 정하기	기한 중심의 작업	시간 계획	전략
개인의 역할을 규명, 글쓰기의 분담, 자료 수집 정리의 분담, 과제별 책임자 선정, 역할 분담의 당위성 강조, 역할의 수정 및 보완, 역할 미비에 대한 변명 및 불만	역할 분담	개인의 역할 규명 (분업의 촉진)	
동등한 작업량의 강조, 상대방의 작업에 대한 이해 부족, 작업 결과의 짜깁기, 탐구과정별 분업	단순 분업		
단기간의 과제해결, 이해는 부족하나 풍부한 자료 중심의 보고서, 과제에 대한 성찰, 부적절한 활동의 감소	신속한 과제 처리	과제의 효율적 해결	결과
분업의 편리함 인식, 소수 중심의 과제해결 강조, 집단별 과제해결의 성취도 자부, 미려한 보고서, 보고서의 양적 팽창, 다양한 측면의 탐구 결과 기술	다양한 보고서		

2) 근거이론의 패러다임에 따른 범주 및 분석 결과

(1) 인과적 조건

근거이론에서 인과적 조건이란 현상이 발생하고 전개되고 발전되는 일정한 인과적 관계를 살필 때 발견되는 선행사건, 즉 현상이 일어나도록 만든 모든 원인을 의미한다. 자료를 분석한 결과, CSBIP(기초) 집단은 탐구목적을 인식한 경우, CSIIP(통합) 집단은 탐구문제를 인식한 경우, CSAIP(전체) 집단은 학습과제의 의미를 파악한 경우에 각 집단별 중심 현상(CSBIP(기초): 이해 증진 활동, 개인별 탐구활동, CSIIP(통합): 논쟁활동, 협력적 탐구활동, CSAIP(전체): 이해가 부족한 논쟁, 협력적 과제해결)을 촉진하였다. 한편 세 집단 모두 교사가 동기부여를 어떻게 했는가에 따라 중심 현상이 달라졌다. 각각의 범주는 〈표 IV-24〉와 같은 속성(properties)과 정도(dimension)를 갖는다.

〈표 IV-24〉 인과적 조건의 속성과 정도

집단	범주	속성	정도
CSBIP(기초)	탐구목적 인식	수준	높음-낮음
	교사의 동기부여	빈도/강도	잦음-드묾/강-약
CSIIP(통합)	탐구문제 인식	수준	높음-낮음
	교사의 동기부여	빈도/강도	잦음-드묾/강-약
CSAIP(전체)	학습과제 파악	수준	높음-낮음
	교사의 동기부여	빈도/강도	잦음-드묾/강-약

(2) 맥락

근거이론에서의 맥락이란 현상에 속하는 일련의 속성들의 구조적 장이며 차원의 범위에서 어떤 현상들에 속하는 사건들의 위치이다. 즉 맥락이란 현상이 이루어지는 배경이며 그 현상을 설명하는 속성들과 구조적으로 연관된 조건이다(황승숙, 1999). 근거자료를 분석한 결과, 세 집단 모두는 학습초기에 탐구과정을 지원하는 CSILE의 기능을 이해하려고 하였다. 프로그램에 대한 이해를 바탕으로 다양한 기능을 사용할 수 있게 될수록 각 집단의 중심 현상이 증가하였다. CSBIP(기초) 집단은 학습내용을 이해하는 것에 초점을 두었으며, CSIIP(통합) 집단은 학습과정인 탐구의 절차에 관심을 가졌다. 반면에 CSAIP(전체) 집단은 학습내용이나 절차를 이해하기보다 자신들이 수행해야 하는 과제에 관심을 가졌다. 각 집단별로 탐구의 내용이나 과정, 과제에 대한 학습자들의 공적 이해 수준이 높아질수록 집단별 중심 현상이 증가하였다. 각각의 범주는 〈표 Ⅳ-25〉와 같은 속성과 정도를 갖는다.

〈표 Ⅳ-25〉 맥락의 속성과 정도

집단	범주	속성	정도
CSBIP(기초)	CSILE 적응도	수준	높음-낮음
	학습내용 이해도	수준	높음-낮음
CSIIP(통합)	CSILE 적응도	수준	높음-낮음
	탐구과정 이해도	수준	높음-낮음
CSAIP(전체)	CSILE 적응도	수준	높음-낮음
	과제 이해도	수준	높음-낮음

(3) 중심 현상

중심 현상이란 핵심적 관념이 존재하는 사건이며 주어진 상황에서 일련의 전략을 통해 해결하려고 노력하는 대상을 가리키거나 목표를 성취하는 과정을 의미한다. 근거자료의 분석 결과, CSBIP(기초) 집단에서는 기본적인 개념의 이해를 증진하려는 활동이 빈번하게 관찰되었으며 개인별 탐구를 토대로 자신이 이해한 내용을 설명하려는 노력이 많았다. CSIIP(통합) 집단의 경우, 문제해결을 위해 주장과 근거를 연결하고 자신의 주장을 공인받기 위한 논쟁 중심의 활동을 하였다. 개인별 탐구보다는 협력적 성찰을 통해 자신의 의견을 수정하거나 관철시키는 역동적인 의견 절충이 이루어졌다. CSAIP(전체) 집단은 개념의 이해와 문제해결을 모두 수행하기 위한 인지적 부담으로 오개념을 제시하거나 근거가 부족한 주장을 반복하는 논쟁이 전개되었다. 그러나 효율적인 과제해결을 위해 집단이 협력하는 모습을 보였다. 각각의 범주는 〈표 Ⅳ-26〉과 같은 속성과 정도를 갖는다.

〈표 Ⅳ-26〉 중심 현상의 속성과 정도

집단	범주	속성	정도
CSBIP(기초)	이해 증진활동	빈도/충실도	잦음-드묾/높음-낮음
	개인별 탐구활동	빈도/충실도	잦음-드묾/높음-낮음
CSIIP(통합)	주장과 근거 중심의 논쟁	빈도/충실도	잦음-드묾/높음-낮음
	협력적 탐구활동	빈도/충실도	잦음-드묾/높음-낮음
CSAIP(전체)	이해가 부족한 논쟁	빈도/충실도	잦음-드묾/높음-낮음
	협력적 과제해결	빈도/충실도	잦음-드묾/높음-낮음

(4) 중재상황

중재상황이란 현상과 관련된 광범위한 구조적 상황을 의미하며 주어진 상황 혹은 맥락에서 전략을 촉진하거나 억제하는 방향으로 작용하는 범주를 말한다. 자료의 분석 결과, CSBIP(기초) 집단은 교사의 피드백에 따라 집단의 탐구방향이 수정되었으며 학습내용을 바르게 이해하였다고 인식하는 경우에 중심 현상이 증가하였다. 반대로 교사에 의해 개념 이해의 오류가 지적되거나 자신의 성찰에 의해 이해도가 높지 않음을 인식하는 경우, 중심 -0-현상은 위축되었다. CSIIP(통합) 집단은 학습자들 사이의 피드백이 활발히 진행되었으며 다른 학습자들의 인정을 받기 위해 노력하였다. 다른 학습자들의 피드백이 없을 경우, 중심 현상은 감소했으며 학습에 대한 열의를 잃기도 하였다. 특히 자신의 역할이 집단에서 주도적인 경우, 중심 현상이 증가했으며 다른 학습자들을 위해 자신이 기여하고 있다는 인식이 높을수록 주장과 근거 중심의 논쟁활동이 활발해졌다. 집단 전체가 긍정적 상호 의존성을 보였으며 문제해결에 지대한 영향을 주기를 선호하였다. 반면에 CSAIP(전체) 집단은 CSBIP(기초) 집단과 같이 교사의 피드백에 의존했으나, 이해를 돕기 위한 피드백보다는 과제의 질을 평가하는 교사의 준거에 의존하였다. 좋은 평가를 받기 위해 노력하였으며 이 과정에서 집단 내의 그룹끼리 지나친 경쟁을 하였다. 경쟁심을 동기요인으로 하여 협력적 과제해결이라는 중심 현상이 촉진되었다. 각각의 범주는 〈표 Ⅳ-27〉과 같은 속성과 정도를 갖는다.

<표 Ⅳ-27> 중재상황의 속성과 정도

집단	범주	속성	정도
CSBIP(기초)	교사의 피드백	빈도/충실도	잦음-드묾/높음-낮음
	이해도에 대한 성찰	빈도/충실도	잦음-드묾/높음-낮음
CSIIP(통합)	학습자 간 피드백	빈도/충실도	잦음-드묾/높음-낮음
	기여도	충실도	높음-낮음
CSAIP(전체)	교사에 의존적	강도	강-약
	경쟁심	강도	강-약

(5) 전 략

전략이란 일정한 상황 또는 맥락 속에 존재하는 현상을 조절하거나 대처하려는 개인 혹은 집단의 상호 작용이다. 즉 학습자들이 중심 현상을 제어하기 위해 적용하는 일련의 방안을 의미한다. 자료의 분석 결과, CSBIP(기초) 집단은 자료 수집과 공유를 위한 전략을 세웠으며 다른 학습자들이 개념을 이해하는 데 도움이 될 수 있는 자료를 제공하는 데 주력하였다. 다른 학습자들을 이해시키는 과정에서 CSILE의 공동저술 기능을 활용하였고 효과적인 글쓰기에 대한 논의가 있었으며 협력을 통해 발전된 저술활동을 하였다. CSIIP(통합) 집단은 탐구의 과정과 절차에 대한 이해를 돕기 위한 전략을 세웠다. 협력적으로 탐구할 수 있는지 방법을 논의했으며, 상대방의 생각을 발전시켜 새로운 이론을 만들어내는 활동을 하였다. 학습자들은 이 과정에서 서로를 격려하고 단합력을 키우기 위한 노력을 하였으며 이를 협력적인 탐구를 위한 전략으로 활용하였다. 또한 보고서를 만들기 위해 보고서의 바른 형식이나 종류를 결정하는 토론이 활발히 이루어졌다. CSAIP

(전체) 집단은 주로 과제를 해결하는 전략으로 시간과 역할을 규명하는 작업에 주력하였다. 과제의 완성에 필요한 자료의 수집과 정리를 위한 작업 시간을 설정하고 개인이 어떤 역할을 분담해야 하는지 규정하는 데 집단의 노력을 기울였다. 분업이 촉진되었으며 다른 학습자들이 정리한 내용을 이해하려 하기보다는 각자가 작업한 내용을 시간 내에 완수하려는 활동이 활발히 진행되었다.

(6) 결　과

근거이론에서의 결과란 전략을 통해 문제가 해결된 상태를 나타낸다. 결과는 각 집단의 중심 현상이 전략이라는 대응책을 통해 어떤 성과로 이어졌는지를 설명한다. 자료의 분석 결과, CSBIP(기초) 집단은 개념 이해 중심의 활동을 하였고 과학적인 자료를 공유하는 전략을 통해 높은 과학적 지식의 이해를 성취하였다. CSIIP(통합) 집단은 고차원의 탐구문제를 해결하기 위해 협력적인 탐구 방법을 전략으로 선택했으며 과학적인 소양을 증진하는 결과를 얻었다. CSAIP(전체) 집단은 개념의 이해나 탐구문제에 집중하기보다 교사에게 인정받을 수 있도록 학습과제를 효율적으로 해결하는 활동을 하였고 결과적으로 과제의 수행이 빠르게 이루어졌다. 이들은 모두 CSIEL의 탐구과정 지원방식이 가진 속성이 반영된 결과이다.

3) 자료의 가설적 정형화와 관계 진술

근거자료의 사례와 분석 결과를 지속적으로 비교하여 핵심범주인 각 집단의 중심 현상들이 하위범주들과 어떻게 연결되어 있는지를 살펴보았다. 그러기 위해서 각 집단별 맥락에 따라 중재상황과 핵심범주와의 관계를 가설로 정리하였다. 맥락과 중재상황의 범주와 중심 현상 사이에 존재할 수 있는 모든 가설적 관계는 다음과 같이 정형화할 수 있다.

(1) CSBIP(기초) 집단

- 이해 증진활동이 양호하고 CSILE에 대한 적응도가 높거나 낮은 경우
- 이해 증진활동이 부진하고 CSILE에 대한 적응도가 높거나 낮은 경우
  - 이해 증진활동이 양호하고 학습내용의 이해도가 높거나 낮은 경우
  - 이해 증진활동이 부진하고 학습내용의 이해도가 높거나 낮은 경우
- 개인별 탐구활동이 양호하고 CSILE에 대한 적응도가 높거나 낮은 경우
- 개인별 탐구활동이 부진하고 CSILE에 대한 적응도가 높거나 낮은 경우
- 개인별 탐구활동이 양호하고 학습내용의 이해도가 높거나 낮은 경우
- 개인별 탐구활동이 부진하고 학습내용의 이해도가 높거나 낮은 경우
  - 이해 증진활동이 양호하고 교사의 피드백이 활발하거나 적을 경우
  - 이해 증진활동이 부진하고 교사의 피드백이 활발하거나 적을 경우
- 이해 증진활동이 양호하고 이해도 성찰이 활발하거나 적을 경우
- 이해 증진활동이 부진하고 이해도 성찰이 활발하거나 적을 경우
- 개인별 탐구활동이 양호하고 교사의 피드백이 활발하거나 적을 경우

·개인별 탐구활동이 부진하고 교사의 피드백이 활발하거나 적을 경우
  ·개인별 탐구활동이 양호하고 이해도 성찰이 활발하거나 적을 경우
  ·개인별 탐구활동이 부진하고 이해도 성찰이 활발하거나 적을 경우

자료 분석에서 나타난 중심 현상의 속성과 정도의 영역, 맥락을 형성하는 각 범주의 속성과 정도의 영역 그리고 중재상황을 형성하는 각 범주의 속성과 정도의 영역 사이에 존재할 수 있는 가설적 관계를 정형화하는 과정에서 본 연구의 분석 자료를 통해 확인한 가설적 관계진술은 다음과 같다.

·CSILE에 대한 적응도나 학습내용의 이해도가 높을수록 이해 증진 활동이 양호해질 것이다.
·CSILE에 대한 적응도나 학습내용의 이해도가 낮을수록 이해 증진 활동이 부진해질 것이다.
·CSILE에 대한 적응도나 학습내용의 이해도가 높을수록 개인별 탐구활동이 양호해질 것이다.
·CSILE에 대한 적응도나 학습내용의 이해도가 낮을수록 개인별 탐구활동이 부진해질 것이다.
·교사의 피드백이나 개인의 이해도 성찰이 활발할수록 이해 증진활동이 양호해질 것이다.
·교사의 피드백이나 개인의 이해도 성찰이 적을수록 이해 증진활동은 부진해질 것이다.
·교사의 피드백이나 개인의 이해도 성찰이 활발할수록 개인별 탐구활동은 양호해질 것이다.

· 교사의 피드백이나 개인의 이해도 성찰이 적을수록 개인별 탐구활
  동은 부진해질 것이다.

(2) CSIIP(통합) 집단

· 논쟁활동이 양호하고 CSILE에 대한 적응도가 높거나 낮은 경우
· 논쟁활동이 부진하고 CSILE에 대한 적응도가 높거나 낮은 경우
· 논쟁활동이 양호하고 탐구과정의 이해도가 높거나 낮은 경우
· 논쟁활동이 부진하고 탐구과정의 이해도가 높거나 낮은 경우
· 협력적 탐구활동이 양호하고 CSILE에 대한 적응도가 높거나 낮은
  경우
· 협력적 탐구활동이 부진하고 CSILE에 대한 적응도가 높거나 낮은
  경우
· 협력적 탐구활동이 양호하고 탐구과정의 이해도가 높거나 낮은 경우
· 협력적 탐구활동이 부진하고 탐구과정의 이해도가 높거나 낮은 경우
· 논쟁활동이 양호하고 학습자 간 피드백이 활발하거나 적을 경우
· 논쟁활동이 부진하고 학습자 간 피드백이 활발하거나 적을 경우
· 논쟁활동이 양호하고 기여도 평가가 활발하거나 적을 경우
· 논쟁활동이 부진하고 기여도 평가가 활발하거나 적을 경우
· 협력적 탐구활동이 양호하고 학습자 간 피드백이 활발하거나 적을
  경우
· 협력적 탐구활동이 부진하고 학습자 간 피드백이 활발하거나 적을
  경우
  · 협력적 탐구활동이 양호하고 기여도 평가가 활발하거나 적을 경우

· 협력적 탐구활동이 부진하고 기여도 평가가 활발하거나 적을 경우

자료 분석에서 나타난 중심 현상의 속성과 정도의 영역, 맥락을 형성하는 각 범주의 속성과 정도의 영역 그리고 중재상황을 형성하는 각 범주의 속성과 정도의 영역 사이에 존재할 수 있는 가설적 관계를 정형화하는 과정에서 본 연구의 분석 자료를 통해 확인한 가설적 관계진술은 다음과 같다.

· CSILE에 대한 적용도나 탐구과정의 이해도가 높을수록 논쟁활동이 양호해질 것이다.
· CSILE에 대한 적용도나 탐구과정의 이해도가 낮을수록 논쟁활동이 부진해질 것이다.
· CSILE에 대한 적용도나 탐구과정의 이해도가 높을수록 협력적 탐구활동이 양호해질 것이다.
· CSILE에 대한 적용도나 탐구과정의 이해도가 낮을수록 협력적 탐구활동이 부진해질 것이다.
· 학습자 간 피드백이나 개인의 기여도 평가가 활발할수록 논쟁활동이 양호해질 것이다.
· 학습자 간 피드백이나 개인의 기여도 평가가 적을수록 논쟁활동은 부진해질 것이다.
· 학습자 간 피드백이나 개인의 기여도 평가가 활발할수록 협력적 탐구활동은 양호해질 것이다.
· 학습자 간 피드백이나 개인의 기여도 평가가 적을수록 협력적 탐구활동은 부진해질 것이다.

(3) CSAIP(전체) 집단

- 이해부족의 논쟁이 증가하고 CSILE에 대한 적응도가 높거나 낮은 경우
- 이해부족의 논쟁이 감소하고 CSILE에 대한 적응도가 높거나 낮은 경우
- 이해부족의 논쟁이 증가하고 과제 이해도가 높거나 낮은 경우
- 이해부족의 논쟁이 감소하고 과제 이해도가 높거나 낮은 경우
- 협력적 과제해결이 양호하고 CSILE에 대한 적응도가 높거나 낮은 경우
- 협력적 과제해결이 부진하고 CSILE에 대한 적응도가 높거나 낮은 경우
- 협력적 과제해결이 양호하고 과제 이해도가 높거나 낮은 경우
- 협력적 과제해결이 부진하고 과제 이해도가 높거나 낮은 경우
- 이해부족의 논쟁이 증가하고 교사 의존적 성향이 강하거나 약할 경우
- 이해부족의 논쟁이 감소하고 교사 의존적 성향이 강하거나 약할 경우
- 이해부족의 논쟁이 증가하고 경쟁심이 강하거나 약할 경우
- 이해부족의 논쟁이 감소하고 경쟁심이 강하거나 약할 경우
- 협력적 과제해결이 양호하고 교사 의존적 성향이 강하거나 약할 경우
- 협력적 과제해결이 부진하고 교사 의존적 성향이 강하거나 약할 경우

· 협력적 과제해결이 양호하고 경쟁심이 강하거나 약할 경우
· 협력적 과제해결이 부진하고 경쟁심이 강하거나 약할 경우

　　자료 분석에서 나타난 중심 현상의 속성과 정도의 영역, 맥락을 형성하는 각 범주의 속성과 정도의 영역 그리고 중재상황을 형성하는 각 범주의 속성과 정도의 영역 사이에 존재할 수 있는 가설적 관계를 정형화하는 과정에서 본 연구의 분석 자료를 통해 확인한 가설적 관계진술은 다음과 같다.

· CSILE에 대한 적용도나 과제 이해도가 높을수록 이해부족의 논쟁활동이 감소할 것이다.
· CSILE에 대한 적용도나 과제 이해도가 낮을수록 이해부족의 논쟁활동이 증가할 것이다.
· CSILE에 대한 적용도나 과제 이해도가 높을수록 협력적 과제해결이 양호해질 것이다.
· CSILE에 대한 적용도나 과제 이해도가 낮을수록 협력적 과제해결이 부진해질 것이다.
· 교사 의존적 성향이 약하고 경쟁심이 강할수록 이해부족의 논쟁활동이 감소할 것이다.
· 교사 의존적 성향이 강하고 경쟁심이 약할수록 이해부족의 논쟁활동이 증가할 것이다.
· 교사 의존적 성향이 약하고 경쟁심이 강할수록 협력적 과제해결은 양호해질 것이다.
· 교사 의존적 성향이 강하고 경쟁심이 약할수록 협력적 과제해결은

부진해질 것이다.

4) 가설적 관계 개요(story line)

근거자료 분석과정에서 드러난 각 범주들과 핵심범주를 통합하기 위해 가설적 관계개요를 구성하였다. 가설적 관계개요는 탐구과정에 있어 핵심적인 문제가 무엇인가를 밝혀내기 위해 근거자료를 반복하여 검토함으로써 일반적인 의미를 파악하는 과정이다(Strauss & Corbin, 1998). 각 범주 간의 가설적 관계개요를 서술적으로 묘사하면 다음과 같다.

(1) CSBIP(기초) 집단

학습자들은 교사가 제시한 학습목표에 대해 명확한 의도를 이해하기를 원하였다. 자신들이 탐구활동을 하는 데 지켜야 할 원칙을 확인했으며 질문과 협의를 통해 자신들이 수행해야 할 탐구과정에 대해 이해하였다. 교사가 제시한 탐구목적과 탐구과정에 대한 설명을 중심으로 CSILE의 기능들을 익혀갔다. 또한 CSILE가 탐구과정을 지원하는 뷰로 들어가 자신들이 학습해야 할 내용을 파악하였다. CSILE의 기능과 학습내용에 대한 이해도가 높아질수록 학습자들의 이해지향적인 탐구활동이 촉진되었다. 주로 개별적인 탐구활동이 주를 이루었으며 각자가 수집한 정보를 다른 학습자들에게 설명하는 활동이 활발하였다. 대부분이 자신이 수집한 자료를 정리하고 이 과정에서 이해한 개념을 설명하는 활동이었다.

교사의 피드백이 주어질 때마다 학습자들의 활동은 활기를 띠었으며 자신이 정확한 개념을 설명하고 있는지 성찰하기 시작하였다. 교사에게 정확하게 개념을 이해하였다는 피드백을 받기 위해 노력했으며 부정적인 반응을 얻었을 경우, 이해한 내용을 수정하여 다시 설명하였다. 학습자들은 자료를 효과적으로 수집하고 효율적으로 제시하기 위해 어떻게 활동해야 하는지에 대한 전략을 세웠으며 교사의 피드백을 통해 전략을 수정해갔다. 한편 탐구과정이 진행될수록 의견을 글로 나타내야 하는 CSILE의 속성 때문에 글쓰기의 바른 방법을 살피기 시작하였다. 저차원의 탐구과정을 수행함으로써 학습 주제와 관련된 과학적 지식에 대한 공동의 이해 수준이 높아지고 팀별 보고서의 질이 향상되었다. 정리하면 CSILE에서 개념 이해 중심의 저차원의 탐구과정을 통해 학습자들의 과학적 지식에 대한 이해도가 향상되었다.

(2) CSIIP(통합) 집단

학습자들은 높은 수준의 탐구문제에 대해 인지적 부담을 토로하였다. 그러다 보니 교사가 지시하는 사항에 충실했으며 그 범위를 벗어나지 않으려는 소극적인 활동을 하였다. 그러나 탐구문제에 대한 이해가 향상할수록 해결책을 제시하는 빈도가 늘어났다. 자신의 주장을 근거와 함께 제시하려는 노력이 활발했으며 다른 사람의 의견에 대해 비판하기 시작하였다. 대부분이 CSILE의 기능이나 탐구과정의 절차에 혼란스러워했으나 교사의 설명과 동료 간의 협의를 통해 이해의 폭을 넓혀갔다. 자신들이 어떤 탐구과정을 진행해야 하는지에 대한 이해가 증진될수록 협력적 탐구활동이 원활히 진행되었고 문제

180

해결을 위한 다양한 제안들이 쏟아져 나왔다. 이 과정에서 학습자들은 서로의 의견에 대한 피드백을 교환했으며 무엇보다도 다른 학습자들을 위해 자신이 기여하고 있다는 자부심을 소중히 생각하였다. 긍정적인 상호 의존성을 보이며 집단의 이론을 구축하였다. CSILE의 기능에 완전히 익숙해졌을 때는 다양한 멀티미디어 자료들을 통합한 집단의 보고서가 효율적으로 작성되었다.

학습자들은 효율적인 보고서의 작성을 위해 어떻게 협력할 것인지 규약을 정하기 시작하였다. 누가 어떤 일을 책임질 것인가를 결정하고 나서는 탐구과정에 맞는 보고서를 작성하도록 다양한 탐구 보고서의 사례를 연구하였다. 탐구문제의 해결과 이를 보고서로 정리하기 위해 활발한 의견이 오갔으며 서로 비난하기보다는 격려와 조언으로 작업의 진행을 촉진하였다. 학습자들은 논쟁의 과정에서 주장과 근거를 제시하고 이를 조율하는 협력적 탐구 방법을 선택하였다. 그 결과, 학습자들은 과학자들이 갖추어야 할 과학적 소양의 습득에 성공할 수 있었다. 정리하면 교사의 효과적인 문제 설명과 탐구과정 안내를 바탕으로 학습자들은 주장과 근거를 상호간 피드백으로 교정하는 발전적인 논쟁을 하였다. CSILE에 적응하면서부터 발전적인 형태의 보고서가 작성되었으며, 탐구과정 중 이를 보완하는 노력을 통해 과학적 소양을 갖춘 연구자로 변해가기 시작하였다.

(3) CSAIP(전체) 집단

학습자들은 자신들이 수행해야 할 탐구과정과 주어진 문제에 대해 불만을 표시하였다. 복잡하고 불편하다며 CSILE의 기능을 부담스럽게 생각하였다. 결국 탐구문제, 탐구과정, 학습 환경 모두가 인지적인 부담이 되었다. 그러나 교사에 의해 제시된 과제는 이들이 해결해야 할 부분이었다. 대부분이 학습과제에 대해 관심을 보였으며 그 성격과 목적을 규정하기 위해 활발한 토론을 하였다. 교사가 어떤 기준으로 과제를 평가할지, 과제의 의도가 무엇인지 파악하고 나서는 협력적 과제해결을 위한 준비를 하기 시작하였다. CSILE의 기능에 익숙해지면서 다양한 토론이 시작되었다. 그러나 대부분이 단편적인 개념도 이해하지 못한 상태에서 인터넷 자료를 복사해서 붙이기만 하는 무의미한 논쟁이었다. 학습자들은 저차원과 고차원의 탐구과정이 공존하는 CSILE에서 혼란을 겪었으며 두 가지 탐구과정 지원방식을 단순히 과제해결의 절차로 이해하기 시작하였다.

이러한 오해에 대해 교사의 피드백이 제공되었으나 학습자들은 탐구과정에 대한 피드백보다 과제에 관련된 피드백에 신속하게 반응하였다. 과제의 해결 과정에서 학습자들은 그룹별로 경쟁하기 시작했으며 좋은 점수를 얻기 위해 교사의 평가 기준에 맞추어 자료를 구축해 갔다. 특정 그룹의 과제에 대해 비판하였으며 자신들의 우월함을 강조하였다. 다른 그룹보다 나은 보고서를 작성하기 위해 집단 내부에서 자체적인 규약을 만들기 시작하였다. 학습자들은 시간 계획을 세우고 개인의 역할을 엄격하게 구분하였다. 규약에 충실하지 않을 경우 벌금이나 벌칙 같은 자신들만의 규약을 충실히 이행하였다. 시간에 쫓기며 작업했고 철저한 분업을 통해 상대방이 어떤 작업을 하는지 이해하지도 못한 상태에서 조립식 보고서가 완성되었다. CSBIP(기초)나 CSIIP(통합) 집단에 비해 빠르고 미려한 보고서가 작성되었으며, 학습자들이 그 내용을 전부 이해하였다고 보기 어려운 고차원의 개념들이 나열되어 있었다. 정리하면 대부분의 학습자들이 과제의 특성과 교사의 평가 기준을 따라 일사분란하게 활동하였다. 겉으로 보기에 우수한 보고서가 만들어졌으며, 탐구과정의 절차나 특징을 따르기보다는 과제 해결을 위한 협의나 내용 정리의 공간으로 CSILE를 활용하였다.

5) 유형 분석

일련의 자료 분석 결과와 근거자료를 지속적으로 비교, 검토하여 각 범주 사이에 반복적으로 나타나는 관계를 정형화하여 '집단의 탐구과정'을 설명하는 개념적 틀을 구성하였다. 그 결과 집단별로 상이한 유형이 존재하는 것을 확인할 수 있었으며 이를 근거로 지금까지의 분석 결과를 종합해서 집단의 탐구모형을 도출하였다.

(1) CSBIP(기초) 집단

▶ 유형 1: CSILE의 적용도와 학습내용의 이해도가 높은 학습자들은 활발한 이해 증진활동 및 개별적인 탐구활동을 통해 과학적 지식의 이해를 얻었다.

▶ 유형 2: CSILE의 적용도와 학습내용의 이해도가 낮은 학습자들은 부진한 이해 증진활동 및 개별적인 탐구활동으로 인해 과학적 지식의 이해를 얻지 못하였다.

저차원의 탐구과정을 CSILE에서 수행한 학습자들은 고차원의 탐구과정을 수행한 학습자들에 비해 단순한 활동을 하였다. 개념 이해 중심의 탐구과정은 학습자들에게 낮은 인지적 부담을 주었고 과학적 지식을 이해하는 데 효과적이었다. 특히 프로그램의 기능을 정확히 파악하는 경우 개별적인 탐구활동이 활발해졌고 다른 학습자들의 이해를 돕기 위한 설명에 집중하도록 하였다. 교사의 피드백이 중요한 결정요인이기는 하나 자료를 수집하고 정리하고 이를 설명하는 과정은 학습자들에게 기본적인 개념의 이해가 얼마나 중요한지를 성찰하게 하는 계기가 되었다. 자신의 이해도를 성찰하는 과정은 과학적 지식의 이해에 가장 결정적인 변인일 것이다. 이러한 관계를 나타내는 CSBIP(기초) 집단의 탐구모형은 [그림 Ⅳ-1]과 같다.

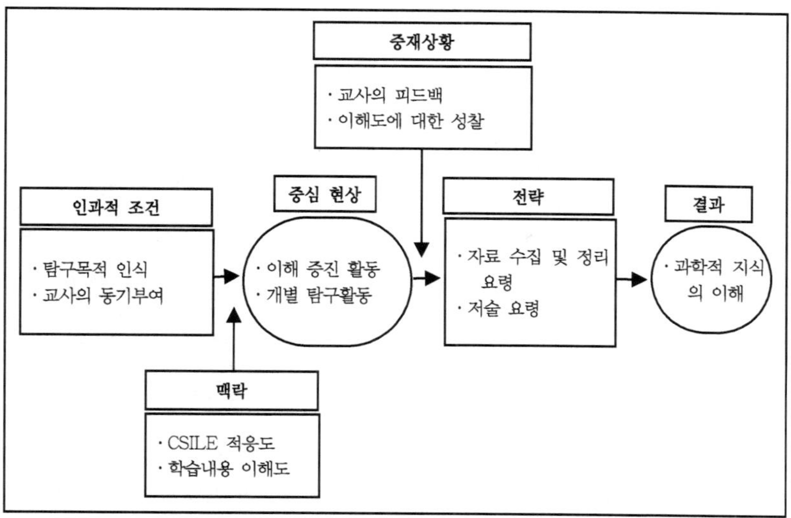

[그림 Ⅳ-1] CSBIP(기초) 집단의 탐구모형

(2) CSIIP(통합) 집단

▶ 유형 1: CSILE의 적응도와 탐구과정의 이해도가 높은 학습자들은 활발한 논쟁활동 및 협력적인 탐구활동을 통해 과학적 소양을 습득하였다.

▶ 유형 2: CSILE의 적응도와 탐구과정의 이해도가 낮은 학습자들은 부진한 논쟁활동 및 비협력적인 탐구활동으로 인해 과학적 소양을 습득하지 못하였다.

문제해결이 주요 활동인 고차원의 탐구과정을 CSILE에서 수행한 학습자들은 높은 인지적 부담을 가지게 된다. 가설을 설정하고 변인을 통제하는 등의 활동은 과학과 탐구에서 학습자들이 과학자처럼 생각하고 행동하는 기회를 제공한다. 탐구과정을 정확히 이해하고 이 절차에 맞추어 탐구하다 보면 많은 시행착오를 경험하게 된다. 탐구과정 자체가 어렵기 때문에 학습자들은 무엇이 옳은 방법인지 혼란을 겪게 되고 이 과정에서 활발한 논의가 진행된다. 학습 주제도 무엇이 특정하게 옳다는 구조적인 내용을 다루는 것이 아니므로 명확한 답이 하나만 존재하지 않는다. 이 점이 CSBIP(기초) 집단의 탐구모형과 차이가 있는 원인이다. 비교적 명쾌하고 정확한 개념을 다루어야 하는 저차원의 탐구과정에 비해 고차원의 탐구과정은 수많은 해결책 중에 가장 바람직한 이론을 이끌어 내는 과정이다. 명확한 답이 존재하지 않으므로 논쟁이 촉진되는 것은 당연하다. 다만 중요한 결정요인은 탐구과정이나 절차를 바르게 이해했는가이다. 탐구과정을 바르게 이해하고 CSILE의 기능에 익숙한 학습자들은 남을 배려하는 협력적 탐구활동을 할 수 있고 수월하게 보고서를 작성할 수 있다.

한편 협력적 탐구활동의 중요한 요인은 긍정적인 상호 의존성이다. 학습자들이 다른 학습자들을 위해 기여할 수 있다는 인식을 가진 경우 협력활동은 더욱 촉진되기 때문이다. 결국 기여도를 인식하면서 탐구과정을 바르게 이해한 학습자들은 적극적인 논쟁활동에 전념할 수 있고 이를 통해 올바른 과학적 소양을 습득하게 된다. 이러한 관계를 나타내는 CSIIP(통합) 집단의 탐구모형은 [그림 Ⅳ-2]와 같다.

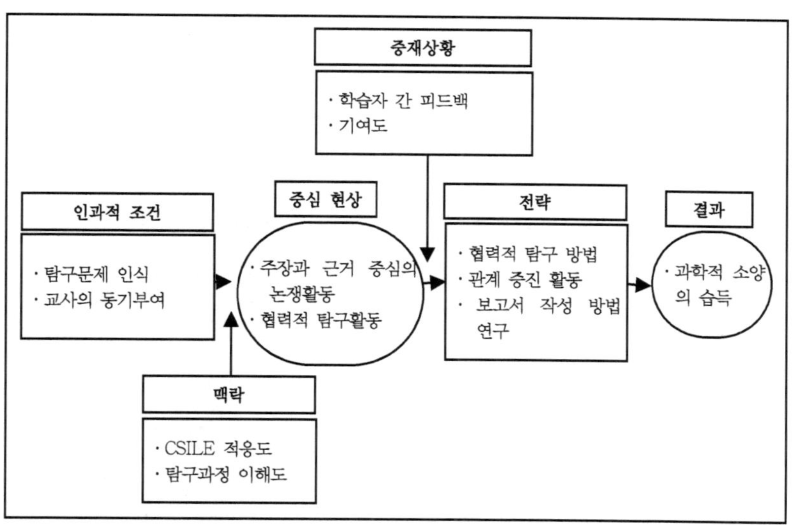

[그림 Ⅳ-2] CSIIP(통합) 집단의 탐구모형

(3) CSAIP(전체) 집단

▶ CSILE의 적응도와 탐구과제의 이해도가 높은 학습자들은 이해 중심의 논쟁활동 및 협력적인 과제 분업을 통해 과제를 효율적으로 해결하였다.

▶ CSILE의 적응도와 탐구과제의 이해도가 낮은 학습자들은 이해가 부족한 논쟁활동 및 비협력적인 과제 분업을 통해 과제를 효율적으로 해결하지 못하였다.

학습자들은 학습 초기에 탐구과정을 이해하기 위해 노력하였다. 그러나 고차원의 탐구과정과 저차원의 탐구과정을 구분하지 않는 경우, 탐구과정의 방향성에 혼란을 겪게 된다. CSBIP(기초)나 CSIIP(통합) 집단과 마찬가지로 학습활동은 단원별 주제를 중심으로 전개된다. 문제는 이를 탐구하는 절차이다. 앞선 두개의 집단은 보다 명확한 방향성을 가지고 일관된 활동에 집단의 역량을 집중한다. 반면에 CSAIP(전체) 집단은 개념의 이해와 문제의 해결이라는 두 가지 목표를 모두 수행해야 하였다. 학습자들은 방향성에 혼란을 겪는 과정에서 그들이 수행해야 하는 목표에 집중하게 된다. 그래서 선택한 것이 과제의 해결이다. 가장 명확하고 객관적인 기준이기 때문이다. 과제의 해결에만 집중하다 보니 사소한 개념의 이해 정도를 돌아볼 필요가 없고 문제해결의 탐구과정에도 소홀하게 된다. 단순히 과제를 얼마나 잘 이해하고 교사가 어떤 기준으로 평가하는지를 파악해서 좋은 점수를 받으면 된다. 그러다 보니 기본적인 개념의 이해가 이루어지지 못한 상태의 논쟁이 오가고 과제의 효율적 해결에만 집중하게 된다.

협력적인 과제의 해결이 이루어지지만 학습자들이 과제에 적은 높은 수준의 개념들을 정확히 이해하였다고 보기 어렵다. 특히 협력적인 과제해결이 가능하도록 학습자들은 과제를 분담해서 수행하는 전략을 사용한다. 또한 과제를 마감해야 하는 시간을 정해서 자신들의 활동을 스스로 통제하기도 한다. 효율적인 과제해결을 위해 그룹 간에 경쟁을 하며 동기를 확보한다. 결국 학습자들은 단지 과제해결을 위해 탐구하고 협력하며 논쟁을 하였다. 이러한 관계를 나타내는 CSAIP(전체) 집단의 탐구모형은 [그림 Ⅳ-3]과 같다.

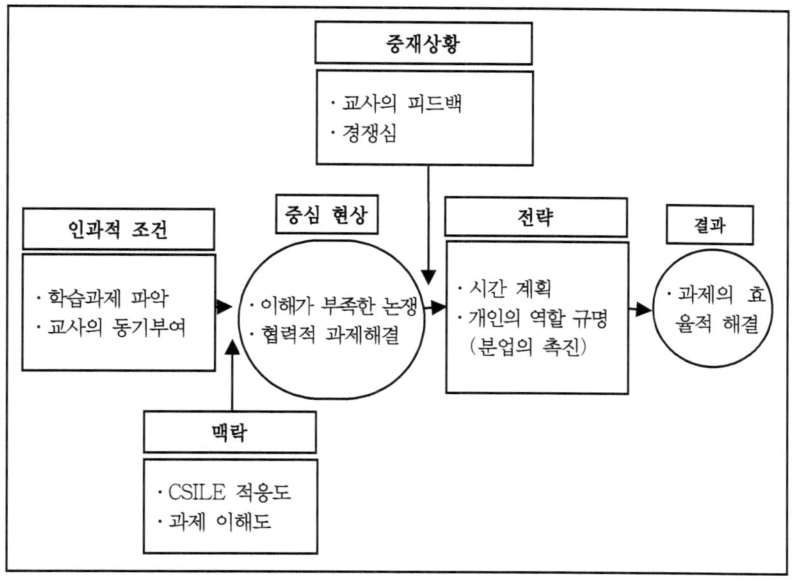

[그림 Ⅳ-3] CSAIP(전체) 집단의 탐구모형

V

논의 및 결론

1. 논 의

　본 연구자는 선행연구(김동식, 김지일, 2003)를 통해 CSILE가 가진 속성이 공동저술 활동을 촉진한다는 결과를 얻었다. 공동저술의 기본적인 활동은 공동의 이해를 증진하려는 상호 작용이다(Bereiter & Scadamalia, 1994; 1996). 공동의 이해를 성취하는 과정은 학습자 개인의 이해 수준이 상이할수록 더 많은 상호 작용을 필요로 한다. 선행연구에서는 공동의 이해 수준이 상이할 경우, 학습자들이 학습과 관련 없는 상호 작용에 충실한 것을 발견하였다. 그러나 학습내용에 대한 공동의 이해 수준이 높아질수록 협력학습을 원활히 수행했으며 학습효과를 증진하는 논쟁을 하였다. 이를 근거로 학습자들이 학습내용에 대한 공동의 이해 수준에 빠르게 도달하도록 학습목표의 수준을 조정하는 것은 CSILE에서의 협력학습을 촉진하는 교수설계 전략임을 제안한 바 있다. 이를 검증하기 위해 본 연구는 CSILE 기반의 과학과 탐구학습에서 학습의 수준을 탐구과정의 수준으로 구체화한 다음, 수준별 탐구과정의 적용 효과를 알아보았다. 본 연구에서 검증된 연구결과를 논의하면 다음과 같다.

1) 탐구과정의 지원방식과 탐구력

〈가설 1-1〉과 관련하여 CSILE의 세 가지 탐구과정 지원방식에 따라 학습자들의 탐구력은 유의미한 차이가 있었다. 고차원의 탐구과정을 지원받은 CSIIP(통합) 집단의 탐구력 점수 평균은 저차원의 탐구과정을 지원받은 CSBIP(기초) 집단의 평균과 유의미한 차이가 없었으나(p=.85), CSIIP(통합) 집단의 점수가 CSAIP(전체) 집단의 점수보다 의미 있게 높았다(p<.001). CSBIP(기초) 집단의 평균도 CSAIP(전체) 집단의 평균보다 의미 있게 높았다(p<.001). 한편 '탐구과정을 구분하여 지원하는 CSBIP(기초)와 CSIIP(통합)'의 점수와 '탐구과정을 구분하여 지원하지 않는 CSAIP(전체)'의 점수를 계획 비교하였을 때, 구분하여 지원한 집단의 점수가 구분하지 않은 경우보다 의미 있게 높았다(p<.001).

저차원의 탐구과정은 관찰이나 분류, 측정, 예상, 추리의 탐구과정 요소로 구성된다. CSILE를 통해 학습자들은 과학과의 가장 보편적인 탐구활동을 한 것이다. 반면에 고차원의 탐구과정에서는 문제 인식, 가설 설정, 변인 통제, 자료 변환, 자료 해석, 결론 도출, 일반화의 높은 인지적 부담이 소요되는 활동을 한다. 두 가지 탐구과정은 수준만이 다를 뿐 유사한 과학적 소양을 요구한다(교육인적자원부, 2002). 과학적 결론을 도출하기까지의 과정에서 관찰이나 추리 등의 활동은 기본 기능이다. 자료 변환을 하기 위해서도 관찰과 추리를 해야 한다. 결국 두 가지 탐구과정의 속성이 유사하므로 학습자들의 탐구력은 차이가 없을 수 있다. 그러나 탐구과정의 수준을 구분하여 지원하지 않는 경우, 학습자들은 더 높은 인지적 혼란을 겪은 것을 발견할 수 있었다. 본 연구의 실험결과는 탐구과정의 수준을 명확히 구분하여 제시하는 것이 학습자들이 겪는 인지적 혼란을 줄일 수 있는 방법임을 시사한다. 이는 과학적 절차나 프로그램의 기능에 대한 인지적 부담을 줄이고 탐구하는 경험이 문제해결력 증진에 효과가 있음을 주장한 Bell(2002)의 연구결과와 일치한다. 같은 견해로 Carr 등(2002)은 고차원의 탐구과정은 문제해결력을 증진할 수 있으며, 이때 CSILE는 인지적 부담을 최소화하기 위한 인지도구로서의 기능을 해야 한다고 주장하였다. 결국 CSILE에서의 탐구학습은 학습자들에게 과학적 절차를 명시해야 하며, 탐구력을 증진시키기 위해 가능하면 학습목표의 수준을 동일하게 조정해주어야 한다. 즉 개념의 이해만을 목표로 한다면 지나치게 높은 인지적 부담이 필요한 문제해결학습은 병행하지 않는 것이 바람직하다. CSILE가 탐구과정을 지원하는 방식은 이처럼 명확한 의도를 가져야 한다. 정리하면 고차원의 탐구과정을 하건 저차원의 탐구과정을 하건 단일한 수준의 과학적 절차를 학습자들이 준수하도록 했을 때 탐구력은 향상될 수 있다. 그러나 다양한 수준의 탐구과정이 혼재할 경우, 학습자들은 각기 자기 수준에 맞는 탐구활동을 하므로 협력의 효과를 살리기 어렵고, 탐구절차에 대한 이해가 부족하게 된다. 그러므로 CSILE의 탐구과정 지원은 인지적 혼란을 줄이기 위해 탐구과정의 수준을 명확히 구분해야 한다.

2) 탐구과정의 지원방식과 과학적 지식의 이해

〈가설 1-2〉와 관련하여 CSILE의 세 가지 탐구과정 지원방식에 따라 학습자들의 과학적 지식의 이해에 유의미한 차이가 있었다. 저차원의 탐구과정을 지원받은 CSBIP(기초) 집단의 과학적 지식의 이해 점수는 고차원의 탐구과정을 지원받은 CSIIP(통합) 집단의 평균보다 의미 있게 높았으며(p<.001), 저차원과 고차원의 탐구과정을 동시에 지원받은 CSAIP(전체) 집단의 평균보다 의미 있게 높았다. 한편 '탐구과정을 구분하여 지원하는 CSBIP(기초)와 CSIIP(통합)'의 점수와 '탐구과정을 구분하여 지원하지 않는 CSAIP(전체)'의 점수를 계획 비교하였을 때, 구분하여 지원한 집단의 점수가 구분하지 않은 경우보다 의미 있게 높았다(p<.001).

연구결과를 정리하면, 저차원의 탐구과정을 지원받은 CSBIP(기초) 집단이 다른 집단들에 비해 과학적 지식의 이해에서 높은 점수를 얻은 것을 알 수 있다. Winne(1995)에 의하면 저차원의 탐구과정은 선수지식이 적은 학습자들에게 인지적 자원의 소모를 최소화할 수 있게 한다. 그는 선수지식이 많은 학습자들에게도 학습내용을 절차적으로 탐구하도록 안내해야 인지적 부하를 줄일 수 있다고 덧붙였다. 저차원의 탐구과정을 지원하는 CSILE에서는 자료를 수집하고 정리하고 자신이 이해한 내용을 다른 학습자들에게 설명하는 활동이 주로 관찰되었다. 이러한 현상은 탐구의 수준이 낮게 설정된 CSBIP(기초)가 학습자들에게 인지적 부담을 적게 준 결과이다. 과학적 지식은 자연현상에 대한 개념들이 구조적으로 연결되어 있다. 고차원의 탐구과정은 이러한 지식의 관계를 이해시키기보다 현상을 탐구하는 전략을 중요시하였다. 결국 복잡한 과학적 개념 자체의 관계를 이해시키기 위해서는 탐구절차를 이해시키기보다 지식을 수집하고, 분류하고, 활용하고, 발전시키는 일차적 수행을 하도록 안내해야 한다. 문제해결과 같은 이차적 수행은 일차적 수행에 의해 개념이 확고히 이해된 후에야 더욱 효과적으로 수행될 수 있다(Shin, Schallert, & Savenye, 1994). 만약 교사가 CSILE에서 개념만을 학습하도록 지원하고자 한다면 배운 지식을 활용하는 기회를 주기보다, 먼저 과학적 절차에 따라 정보를 찾아 지식으로 가공하는 기초 학술 경험을 갖도록 안내해야 한다는 의미이다. 이런 역할을 한 CSBIP(기초)는 개념의 이해를 돕기 위해 과학적 기능들을 단계별로 수행하도록 안내한 것이고, 그 효과로 과학적 지식을 이해하게 하였다.

3) 탐구과정 지원방식과 과학적 소양의 습득

〈가설 1-3〉과 관련하여 CSILE의 세 가지 탐구과정 지원방식에 따라 학습자들의 과학적 소양의 습득에 유의미한 차이가 있었다. 고차원의 탐구과정을 지원받은 CSIIP(통합) 집단의 과학적 소양의 습득 점수는 저차원의 탐구과정을 지원받은 CSBIP(기초) 집단의 평균보다 의미 있게 높았으며(p<.001), 저차원과 고차원의 탐구과정을 동시에 지원받은 CSAIP(전체) 집단의 평균보다 의미 있게 높았다(p<.001). 한편 '탐구과정을 구분하여 지원하는 CSBIP(기초)와 CSIIP(통합)'의 점수와 '탐구과정을 구분하여 지원하지 않는 CSAIP(전체)'의 점수를 계획 비교하였을 때, 구분하여 지원한 집단의 점수가 구분하지 않은 경우보다 의미 있게 높았다(p<.001).

연구결과를 정리하면, 고차원의 탐구과정을 지원받은 CSIIP(통합) 집단이 다른 집단들에 비해 과학적 소양의 습득에서 높은 점수를 얻은 것을 알 수 있다. 또한 탐구과정의 수준을 구분하여 지원한 집단들이 고차원과 저차원의 탐구과정을 모두 지원한 집단에 비해 유의하게 높은 점수를 얻었다. 과학적 소양이란 넓게는 과학적 태도, 탐구적 사고 기능, 수공 기능, 과학적 지식의 적용력, 표현력, 창의적 사고력, 반성적 사고력을 포함하는 개념이다(김은진, 2000). CSBIP(기초) 집단이 단순히 정보를 관찰하고 분류하고, 특정 현상의 원인과 결과를 추론하는 활동만을 하였다면 CSIIP(통합) 집단은 문제를 찾아 인식하고, 해결책에 대해 가설을 세워 이를 검증하는 문제해결의 활동을 하였다. 특히 근거를 들어 주장을 하고 이를 다른 학습자들과 협의하여 더 나은 이론으로 발전시키는 논쟁이 구체적인 탐구방법이었다. 이러한 과정을 통해 CSIIP(통합) 집단의 학습자들은 다른 집단보다 높은 과학적 소양 수준을 보인 것을 발견할 수 있었다. 미국 중학교용 과학교육 지침서(Trowbridge & Bybee, 1986)는 논쟁과 협의 중심의 탐구과정이 과학적 소양의 증진에 큰 영향을 미친다는 제언을 한다. 특히 고차원의 문제해결을 하는 탐구활동은 학습자들이 탐구의 과정을 이해하고 탐구의 기본적인 기능을 익히는 데 도움이 된다고 덧붙였다. 지침서에 의하면 과학적 소양은 학습자들이 기본적인 과학적 개념을 먼저 이해한 후에 이를 실생활에 적용함으로써 증진된다. CSBIP(기초)가 적용의 기회를 주지 않았다면 CSIIP(통합)는 실생활의 문제에 과학적 지식을 적용하는 방법을 안내한 것이다. 결국 본 연구는 과학적 소양이란 복잡한 실생활의 문제를 과학적인 탐구과정에 따라 해결하도록 했을 때 증진된다는 것을 확인한 셈이다. CSILE가 고차원의 탐구과정을 지원하면 개념의 학습에는 다소 미흡할 수 있으나, 과학적인 소양을 기르는 데 효과적일 수 있음을 프로그램 설계 시 참고해야 할 것이다.

4) 탐구과정의 지원방식과 집단의 탐구상황

〈가설 2〉와 관련하여, 탐구상황은 학습자들이 어떤 의도를 가지고 탐구를 하였는지를 알 수 있는 근거이다. 본 연구는 탐구상황을 분석하기 위해 NAEP(2000)의 개념적 틀에 따라 학습자들이 주고받은 메시지의 빈도를 산출하였다. 연구결과에 따르면 탐구과정 지원방식에 따라 학습자들의 탐구상황별 메시지 빈도는 유의미한 차이가 있었다(p<.001). 탐구상황별 분석틀을 기준으로 하여 CSBIP(기초) 집단은 학술지향적이고 이해지향적인 메시지를 주로 교환했으며, CSIIP(통합) 집단은 문제지향적인 메시지를, CSAIP(전체) 집단은 과제지향적인 메시지를 주로 주고받았다.

결국 CSBIP(기초) 집단은 다른 집단에 비해 개념 이해를 위한 설명과 질문의 활동을 많이 한 것이고, CSIIP(통합) 집단은 고차원의 탐구과정이 안내하는 문제해결의 활동을 한 것이다. 그러나 CSAIP(전체) 집단은 개념의 이해나 문제해결과 같은 과학과의 본질적인 활동보다 과제해결을 위해 협력한 것을 알 수 있었다. Lamon 등(1993)은 CSILE가 과제해결력과 문제해결력에 긍정적인 영향을 준다는 연구결과를 내었다. 그들은 학습자들이 가설을 제시하고 이를 검증하는 토론을 하도록 CSILE를 설계하였다. 연구자가 의도한 학습자 활동은 고차원의 탐구과정이지만 명확한 탐구절차나 수준을 명시하지 않았다. 그들은 제언을 통해 과학과 탐구학습 환경에서 학습자들이 기초 과학지식을 얻도록 별도의 지원이 필요함을 지적하였다. 이 환경은 마치 CSIIP(통합)나 CSAIP(전체)와 같이 탐구과정의 수준이 높거나, 탐구과정의 수준을 아예 고려하지 않은 예이다. 본 연구결과가 실증하듯이 CSIIP(통합)나 CSAIP(전체)의 탐구과정은 학습자들의 문제지향적이고 과제지향적인 활동을 촉진한다. 이는 결국 시스템의 기능이 고차원의 탐구를 목표로 하거나 탐구의 목표 수준이 다원화된 경우, 문제나 과제를 해결하기 위한 활동은 촉진되지만 기본적인 개념의 이해에는 소홀하게 된다는 Hewitt(2002)의 주장을 뒷받침하는 결과이다.

본 연구는 집단에 따라 탐구상황이 어떻게 달라지는지 구체적으로 알아보기 위해 개인의 메시지 유형별 빈도에 점수를 부과하여 집단별 평균의 차이를 검증하였다. 학술지향적인 메시지의 경우, CSBIP(기초) 집단이 CSIIP(통합)($p < .001$)나 CSAIP(전체)($p < .001$) 집단보다 의미 있게 높은 점수를 얻었다. CSBIP(기초) 집단은 CSILE가 안내하는 대로 정보를 수집하고 이를 분류하여 새로운 이론을 이끌어 내는 활동을 하였다. 관찰 결과 학습자들은 CSBIP(기초)에서 주로 이론을 설명하고 관련된 개념을 이해하기 위해 상호 작용을 한 것을 알 수 있었다. 이해지향적인 메시지에 대한 점수 분석의 결과에서도 동일한 경향을 발견할 수 있었다. 이해지향적인 메시지의 경우, CSBIP(기초) 집단이 CSIIP(통합)($p < .001$)나 CSAIP(전체)($p < .001$) 집단보다 유의하게 높은 점수를 얻었다.

문제지향적인 메시지의 경우, CSIIP(통합) 집단이 CSBIP(기초)($p < .001$)나 CSAIP(전체)($p < .001$) 집단보다 유의하게 높은 점수를 얻었다. 고차원의 탐구과정이 문제해결력의 증진에 기여한다는 Carr 등(2002)의 연구결과와 같은 맥락이다. 결국 학습자들은 실생활에 연결된 문제를 해결해야 했기 때문에 실용적이고 문제지향적인 메시지를 자주 교환한 것이다. 실용지향적인 메시지의 경우, CSIIP(통합)

집단이 CSBIP(기초)(p=.04)나 CSAIP(전체)(p=.03) 집단보다 유의하게 높은 점수를 얻었다는 결과를 보아도 학습자들이 고차원의 탐구과정을 통해 실제적인 문제에 관심을 두었다는 것을 알 수 있다.

과제지향적인 메시지의 경우, CSAIP(전체), CSIIP(통합), CSBIP(기초)의 순으로 유의하게 높은 점수를 얻었다. 이 결과를 통해 CSAIP(전체) 집단은 무엇보다 과제를 해결하려는 목적의 상호 작용을 주로 하였음을 알 수 있다. 탐구과정의 수준이나 절차보다 자신들이 언제까지 무슨 결과물을 내야 하는지에 관심을 가진 것이다. CSAIP(전체) 집단의 학습자들은 개념 이해 중심의 저차원의 탐구과정과 문제해결 중심의 고차원의 탐구과정을 동시에 수행해야 했으므로 높은 인지적 부담을 가졌다. 이는 Hewitt(2002)가 주장한 대로 학습자들에게 지나치게 높은 수준의 학습목표를 요구하다 보면 예상할 수 있는 결과이다. 이러한 결과는 Oshima & Oshima(2002)가 실험을 통해 검증한 대로 초보 학습자에게서 주로 발견할 수 있는 현상이다. CSAIP(전체) 집단의 구성원들이 초등학생이므로 개념의 이해와 문제해결이라는 두 가지의 학습목표를 모두 강조한 것에 대해 과도한 인지적 부담을 느낀 것이다. 결국 학습자들의 과제지향적인 탐구상황을 줄이고자 한다면 교사들은 단일한 수준의 학습목표를 제시해 인지적 부담을 최소화하고, 학습자 수준에 맞는 탐구과정을 절차적으로 안내해야 할 것이다.

본 연구는 각 집단 내에서 학습자들이 보인 탐구상황별 의도의 관련성을 분석하기 위해 집단 내 탐구상황 메시지 간의 상관관계를 분석하였다. 예를 들어 학습자들이 협력지향적인 메시지를 많이 나눈 경우, 문제지향의 메시지를 주로 나누었는지 과제지향의 메시지를 주로 나누었는지 그 관련성을 검증하기 위함이다. 먼저 집단 간 구별에 관계없이 학습자들의 학술지향적인 의도는 이해지향적인 의도와 상관이 있었다(p<.001). 또한 문제지향적인 의도를 가진 학습자들은 협력지향적, 논쟁지향적, 실용지향적인 의도를 보였다(p<.001). 이러한 결과는 학술지향적일수록 이해 중심의 활동을 하고, 문제지향적일수록 협력과 논쟁이 촉진되며 실생활의 문제와 관련된 활동을 한다는 것을 알 수 있게 해준다. 이러한 경향은 과제지향적인 의도를 가진 학습자들에서도 나타났다. 과제지향적인 학습자들도 논쟁과 협력, 실용 중심의 활동이 과제해결을 위해 필요했기 때문이다. 특이한 것은 논쟁지향적인 학습자들이 실용지향적인 활동을 하였다는 점이다. 이는 논쟁의 주제가 얼마나 실용적인가와 관련이 깊다. 객관적인 지식일수록 논쟁의 여지가 없으나 실생활에 응용하려는 경우, 다양한 논의 가능성이 생기기 때문이다.

집단별로는 CSBIP(기초) 집단의 경우, 학술지향적인 의도와 이해지향적인 의도가 관련이 깊었다(p<.001). 학습자들이 학술적인 의도를 가진 경우 서로의 이해를 증진하려는 활동에 몰두했음을 알 수 있다. CSIIP(통합) 집단의 경우, 대부분의 탐구상황 메시지 간에 유의한 상관이 있었다. 다만 문제지향적 의도를 가진 경우, 이해를 도모하려는 목적을 위해 의사소통을 하지 않았다는 점이 특징이다. 이러한 결과는 학습자들이 문제의 해결에만 관심을 가진 경우, 이해를 증진하기 위한 활동에 소홀했음을 짐작케 한다. Collins(2002)가 주장한 대로 문제해결력을 증진하기 위해서 얼마나 실제적인 과제가 고안되어야 하는지 그 중요성을 돌아보게 하는 결과이다. 마지막으로 CSAIP(전체) 집단의 경우, 과제지향적인 의도를 가진 학습자들은

학술지향적, 이해지향적, 협력지향적 메시지를 교환한 것을 알 수 있었다. 관찰 결과 이러한 상호 작용은 모두 과제의 신속한 해결을 위한 정보의 교환이었다. 과제를 중시하는 경우, 기본적인 정보의 교환은 촉진되나 문제해결이나 실용적인 목적의 논쟁이 부족할 수 있다. 결국 교수설계자는 학습자들이 과제를 중시하여 탐구과정의 경로를 이탈하는 경우에 대비하여 다양한 보완책을 준비해두어야 한다. 이러한 보완책으로 교사는 학습자들이 표본으로 삼을 수 있는 전문가 모형을 제공함으로써 불필요한 과제해결에 대한 논쟁을 줄이고, 과제보다는 학습내용의 이해에 대한 인식론적 신념의 형성에 주력해야 한다(Hakkarainen et al., 2002).

5) 탐구과정 지원방식과 집단의 탐구모형

〈가설 3〉과 관련하여, 근거이론을 통해 분석되고 설정된 집단의 탐구모형은 집단별 협력활동에 대한 명확한 특징을 보여준다. CSBIP(기초) 집단의 경우, 탐구과정의 수준이 낮게 조정된 이유로 초등학교 학습자에 적절한 인지적 부담이 되었다. 탐구과정의 초기에 학습자들은 교사의 지침이나 활동 방법의 안내에 의존하였다. 교사가 의도하는 것은 무엇이고 자신들이 활동을 하는 공간이 어떤 기능으로 구성되었는지 많은 질문과 답변을 주고받았다. 이 과정에서 학습자들은 탐구의 목적과 프로그램의 기능을 이해했고 자신들이 학습할 내용의 기본적인 개념들을 정리하기 시작하였다. 주로 정보를 수집하고 이를 다른 학습자들에게 설명하는 과정이 진행되었으며 학습내용에 대한 이해도가 향상되었다. 과학적 지식만 가진 개념사이의 관계에 대한 논의를 하였으며 토론이 거듭될수록 발전된 이해 수준을 보였다. 이러한 활동은 주로 개별적인 탐구활동을 통해 진행되었으며 교사의 피드백에 의해 개념 이해의 활동이 촉진되었다. 교사의 교정적인 피드백에 대해 학습자들은 자신의 이해도를 성찰하였으며 나름대로의 학습전략을 구축하였다. CSBIP(기초)의 탐구과정 특성상, 개념의 이해를 돕는 근거자료의 수집과 설명이 활발하였으며 어떻게 하면 효과적으로 정보를 구하고 제시할 수 있는지 전략을 세웠다. 특히 글을 통해 자신의 이해한 바를 설명해야 했으므로 효과적인 글쓰기에 대해 관심을 가졌고 이를 상호 평가해주었다. 이러한 일련의 과정을 통해 CSBIP(기초) 집단은 과학적 지식의 이해에 대한 높은 성취 결과를 보였다.

반면에 CSIIP(통합) 집단은 CSBIP(기초) 집단과 같이 교사의 반응 여부에 따라 학습동기가 결정되었으며 문제가 주어지자 그 의미와 단서를 파악하기 위해 노력하였다. CSILE 프로그램의 기능과 자신들의 탐구과정에 대해 충분히 이해한 후, 학습자들은 문제해결을 위한 활발한 논쟁을 하였다. 소그룹 단위로 주제별 토론이 오갔으며 협력적인 탐구과제의 해결이 두드러졌다. 이러한 과정을 촉진한 것은 학습자들 사이의 상호 평가였다. 자신의 의견이나 이론이 옳다는 것을 인정받기 위해 노력했으며 다른 학습자들의 의견에 대해 비판하였다. 자신이 탐구과정에서 중요한 역할을 담당한다는 생각이 지배적일수록 활발한 탐구활동을 하였다. 탐구과정에 대한 전략으로 학습자들은 남들의 생각에 자신의 생각을 더해 발전된 이론으로 이끄는 협력적 글쓰기에 대해 논의하였다. 자신들이 생각하는 문제해결의 방안에 대해 보고서를 작성하였으며 우수한 보고서의 사례를 소개하며 협력적 보고서의 작성에 힘썼다. 학습자들은 이러한 과정을 통해 탐구의 기능과 태도, 과학적 지식의 적용에 대한 소양을 증진하였다.

마지막으로 CSAIP(전체) 집단은 교사가 부여한 과제를 해결하기 위해 과제의 목적과 좋은 평가를 받기 위한 조건들을 탐색하였다. 이러한 현상은 과제의 의미를 파악하고 나서부터 더욱 활발해져서 자신이 이해하지도 못한 개념이나 원리 등을 복사해서 붙이는 부정적인 활동으로 이어졌다. 특히 과제를 효율적으로 해결하기 위해 각자 역할을 정해 철저히 분업하였고, 이 결과를 조합하는 활동을 하였다. 교사의 긍정적 평가를 받기 위해 경쟁하였으며 다른 조의 작업에 대해 비판하였다. 경쟁적인 과제해결은 조별로 정한 자체 규약에 의해 관리되었으며 시간을 지키지 못하거나 정해진 분량을 완수하지 못하는 경우, 벌칙을 정해 제재하였다. 결국 CSAIP(전체)의 학습자들은 정해진 시간에 빠르게 과제를 해결하는 성과를 보였다.

이상과 같은 결과는 다음의 사항들을 시사한다. 첫째, 탐구과정의 수준을 조절함으로써 다른 학습결과를 얻을 수 있다는 점이다. 탐구과정의 수준을 높이면 개념의 이해와 같은 기본적인 탐구에 소홀하지만, 고차원의 탐구과정을 통해 자신의 주장을 근거로 보강하여 하나의 이론으로 만들어 가는 과학적 소양을 기를 수 있다. 둘째, 탐구과정의 인지적 부담이 학습자들에게 인식되면 학습자들은 탐구과정 본연의 활동을 하기보다 과제의 해결과 같은 가시적인 성과를 얻기 위해 협력한다. 셋째, 세 집단 모두 교사의 피드백이나 프로그램의 기능에 대한 적응도가 협력학습을 촉진하는 공통변인임을 확인할 수 있었다. 넷째, 공동저술 활동을 통해 활발한 논쟁과 협력을 했으며 세 집단 각각 탐구목적, 탐구문제, 학습과제에 대한 공동의 이해 수준이 향상될수록 의미 있는 학습결과를 얻었다. 이는 선행연구에서 입증한 대로 공동의 이해 수준이 협력학습에 영향을 준다는 사실을 다시 한번 확인한 셈이다.

2. 결 론

이상의 결과를 종합해 볼 때, 다음과 같은 결론을 내릴 수 있다.

첫째, CSILE는 교과특성에 맞는 학습의 절차와 형식을 안내해야 한다. CSILE는 지식구축 지원도구이다. 지금까지의 연구는 지식구축 지원도구로서 범교과 영역에 적용할 수 있는 CSILE의 보편적 학술 활동 지원 기능을 강조해왔다. 그러나 CSILE가 일반적인 지식구축 지원도구로서 모든 교과의 학습 절차를 효과적으로 안내한다고 볼 수 없다. 각각의 교과 특성에 맞는 별도의 지원방안이나 설계전략이 마련되어야 한다. 특히 과학과의 경우, 과학과만이 가진 특징으로서 이론의 발견이나 가설 검증과 같은 탐구과정을 안내할 때 높은 학습 효과를 기대할 수 있다. 결국 CSILE는 학술절차를 안내하는 효과적인 지원도구이지만, 그 지원 방법이나 설계 전략은 교과 특성에 따라야 한다.

둘째, CSILE 기반의 과학과 탐구학습에서는 학습자 수준에 맞추어 탐구과정의 수준을 명확히 구분해서 제시해야 한다. CSILE가 저차원과 고차원의 탐구과정을 동시에 지원하는 경우, 초보 학습자들은 인지적 혼란을 겪는다. 이는 탐구력을 함양하고, 과학적 지식을 이해하고, 과학적 소양을 습득하는 데 영향을 준다. 특히 초등학교 학생들을 위해서는 과도하게 많은 탐구활동을 계획하지 않는 것이 바람직하며, 지금 어떤 수준의 탐구과정을 수행해야 하는지를 명확히 알려주어야 한다. 결국 CSILE 기반의 탐구학습에서는 학습자들이 한 가지 목표에 집중할 수 있도록 인지적 부담을 최소화하는 설계전략을 강구해야 한다.

셋째, 개념이나 원리의 이해를 돕기 위해서는 저차원의 탐구과정을 지원하는 것이 효과적이다. 문제해결과 같은 고차원의 탐구과정을 지원하는 경우, 학습자들은 과학적 지식의 이해보다 당면한 문제를 해결하는 데 관심을 갖는다. 학습자들은 현실의 탐구문제를 해결하면서 자신이 이해한 개념이나 원리를 실생활에 적용하는 경험을 한다. 이러한 과정이 학습의 전이를 촉진하지만 개념 자체를 이해하지 못하였다면 무의미한 경험이 될 것이다. 결국 고차원의 탐구과정을 설계할 때는 개념의 이해를 성찰할 수 있는 기회를 주어야 하며, CSILE는 과학적 지식의 이해를 돕는 기본적인 학술활동을 지원해야 한다. 이러한 지원은 학습자들의 인지적 부담을 고려해 학습자가 필요에 의해 선택할 수 있는 것이어야 한다.

넷째, 고차원의 탐구과정은 학습자들이 당면한 문제를 인식하고 단서를 모아 협력적으로 해결책을 찾는 학술활동이 중심이 된다. CSILE 기반의 탐구학습에서 과학적 소양을 기르기 위해서는 이와 같은 고차원의 탐구과정을 지원하는 것이 효과적이다. 과학적인 소양은 실생활의 복잡한 문제에 대한 지속적인 탐구활동을 통해 길러진다(김은진, 2000). 이러한 과정에서 얼마나 실제적인 과제가 마련되어야 하는지, 교사의 역할이 무엇인지는 CSILE에서 탐구학습의 성패를 결정하는 요인이다(Collins, 2002). 결국 Collins의 생각대로라면 CSILE에서 고차원의 탐구과정을 지원하는 데는 완성도가 높은 실생활의 문제를 제시해야 하고, 적시에 스캐폴딩을 해주는 것이 중요하다.

다섯째, 집단별 탐구모형을 통해 알 수 있듯이 교사의 동기부여와 학습자들의 프로그램 기능에 대한 이해 정도는 활발한 협력활동을 촉진하는 핵심요인이다. 교사의 동기부여와 프로그램 기능에 대한 이해는 협력학습에 영향을 주는 외적 요인으로 세 가지 모형에서 공통적으로 발견된 특성이기 때문이다. 또한 탐구목표나 문제 및 과제에 대한 공동의 이해 수준이 높아질수록 협력활동은 촉진된다. 이는 학습자들이 탐구의 조건과 본질을 이해하는 과정에 해당한다. 자신이 해결해야 하는 문제가 무엇이며 어떤 제약이 있으며 무엇을 먼저 수행해야 하는지 과학적인 탐구과정을 계획하기 위한 노력일 것이다. 결국 CSILE는 학습자들이 상호 의존하며 서로의 이해를 보완해줄 수 있는 기회를 제공해야 한다. CSILE의 탐구과정 지원은 먼저 학습자들이 탐구과정의 조건과 본질을 이해하도록 도와야 하며, 그 방식은 학습자들의 협력적 성찰을 촉구하는 것이어야 한다.

정리하면 CSILE에서 명확히 탐구과정의 수준을 구분했을 때 학습자들의 탐구력이 증진되었다. CSILE에서 저차원의 탐구과정은 학습자들의 과학적 지식의 이해를 도왔으며, 고차원의 탐구과정은 학습자들이 과학적 소양을 증진하는 데 영향을 주었다. 고차원과 저차원의 탐구과정이 동시에 지원되었을 경우, 학습자들은 지식의 이해나 소양의 증진보다 과제의 해결에 충실하였다. 이러한 결과들은 Hewitt(2002)와 Collins(2002)의 논쟁에 대해 시사점을 제공한다. Collins는 개념의 이해가 실제적인 문제를 해결하는 과정을 통해 자연스럽게 증진되리라 보았고, Hewitt는 높은 소양이 요구되는 문제해결 과정은 학습자들을 과제지향적으로 만들기 때문에 문제해결의 과정에서 개념의 이해와 같은 기본적인 학술활동을 강화해야 한다고 주장하였다. 본 연구는 Hewitt의 생각을 뒷받침하는 결과를 얻었다. 실험결과를 살펴보면 이해를 위한 탐구활동이 초보 학습자들에게 필요하다. 문제해결을 위한 탐구활동에서 고려해야 할 사항은 이러한 이해 중심의 학습활동이 높은 수준의 탐구과정 때문에 영향을 받지 않아야 한다는 점이다. CSILE를 통한 탐구과정의 안내는 의도적으로 이러한 수준을 조절할 수 있다. 결국 학습자들이 개념의 이해에 소홀한 경우, 탐구과정의 수준을 낮게 안내해주면 학습자들은 과학적 지식의 이해를 위해 학습목표를 수정하게 될 것이다. CSILE가 탐구과정을 지원하는 방식은 이처럼 학습목표에 따라 유연하게 적용해야 한다. 성공적인 탐구학습의 결과는 Collins의 지적대로 학습자가 필요로 하는 적기에 가장 효과적인 지원을 함으로써 얻을 수 있기 때문이다.

VI

요약 및 제언

1. 요 약

본 연구는 CSILE에서 과학과 탐구과정의 지원방식이 학습자들의 탐구학습 결과에 어떤 영향을 미치는지를 탐색하고자 하였다. 이를 위해 CSILE에서 탐구과정의 지원방식을 세 가지로 구분하였다. 각각은 CSILE가 저차원의 탐구과정을 지원하는 CSBIP(기초), CSILE가 고차원의 탐구과정을 지원하는 CSIIP(통합), CSILE가 고차원과 저차원의 탐구과정을 모두 지원하는 CSAIP(전체)이다. 저차원의 탐구과정은 학습자들이 관찰, 분류, 측정, 예상, 추리의 탐구활동을 하는 것이고 고차원의 탐구과정은 학습자들이 문제 인식, 가설 설정, 변인 통제, 자료 변환, 자료 해석, 결론 도출, 일반화의 탐구활동을 하는 것이다. 살펴보고자 한 탐구학습의 결과는 학습자 개인의 탐구력, 과학적 지식의 이해, 과학적 소양의 습득, 집단의 탐구상황과 탐구모형이다. CSILE에서 탐구과정의 지원방식에 따라 집단 간의 탐구학습 결과를 비교하기 위해 설정한 연구문제 및 가설은 다음과 같다.

**[연구문제 1] CSILE의 탐구과정 지원방식(기초탐구과정 지원, 통
합탐구과정 지원, 전체 탐구과정 지원)은 학습자들의 탐구결
과에 어떠한 영향을 미치는가?**

〈가설 1-1〉 CSILE의 탐구과정 지원방식에 따라 학습자들의 탐구
력에 유의미한 차이가 있을 것이다.

〈가설 1-2〉 CSILE의 탐구과정 지원방식에 따라 학습자들의 과학
적 지식의 이해에서 유의미한 차이가 있을 것이다.

〈가설 1-3〉 CSILE의 탐구과정 지원방식에 따라 학습자들의 과학
적 소양의 습득에서 유의미한 차이가 있을 것이다.

**[연구문제 2] CSILE의 탐구과정 지원방식(기초탐구과정 지원, 통
합탐구과정 지원, 전체 탐구과정 지원)은 집단의 탐구상황에
어떠한 영향을 미치는가?**

〈가설 2〉 CSILE의 탐구과정 지원방식에 따라 집단의 탐구상황에
유의미한 차이가 있을 것이다.

**[연구문제 3] CSILE의 탐구과정 지원방식(기초탐구과정 지원, 통
합탐구과정 지원, 전체 탐구과정 지원)은 집단의 탐구모형에
어떠한 영향을 미치는가?**

〈가설 3〉 CSILE의 탐구과정 지원방식에 따라 집단의 탐구모형에
유의미한 차이가 있을 것이다.

연구문제를 검증하기 위해 실험연구와 질적 연구를 통합한 연구방
법인 Chi(1998)의 담화분석을 사용했고, 집단의 탐구모형을 도출하기

위해 근거이론을 적용하였다. 실험의 대상은 서울의 S초등학교 6학년 학생 중 무선 표집한 48명의 아동이며 탐구과정의 지원방식에 따라 집단별로 16명씩 무선 할당하였다. 실험 기간은 2004년 3월 23일부터 4월 20일까지 4주간이었다. 자료의 분석을 위해 질적 연구 도구인 N6을 활용했고, 자료의 통계처리를 위해 SAS 8.1을 사용하였다.

CSILE의 탐구과정 지원방식이 학습자들의 탐구결과에 미치는 영향을 검증한 결과는 다음과 같다. 연구문제 1의 검증결과를 살펴보면, 첫째, 세 집단 간 학습자들의 탐구력에서 차이가 있을 것이라는 가설에 대해, 탐구력의 점수는 집단 간에 유의미한 차이가 있었다($F=8.75$, $p<.001$). 또한 탐구과정의 수준을 구분하는 경우와 구분하지 않는 경우의 차이를 계획 비교하였을 때, CSBIP(기초) 집단과 CSIIP(통합) 집단의 탐구력 점수가 CSAIP(전체) 집단의 점수보다 유의미하게 높았다($F=17.21$, $p<.001$).

둘째, CSILE의 탐구과정 지원방식에 따라 학습자의 과학적 지식의 이해에 차이를 보일 것이라는 가설에 대해, CSBIP(기초) 집단의 과학적 지식의 이해 점수가 다른 집단들에 비해 유의미하게 높았다($F=14.9$, $p<.001$). 또한 탐구과정의 수준을 구분하는 경우와 구분하지 않는 경우의 차이를 계획 비교하였을 때, CSBIP(기초) 집단과 CSIIP(통합) 집단의 과학적 지식의 이해 점수가 CSAIP(전체) 집단의 점수보다 유의미하게 높았다($F=14.34$, $p<.001$).

셋째, CSILE에서 탐구과정 지원방식에 따라 학습자의 과학적 소양의 습득에 차이를 보일 것이라는 가설에 대해, CSIIP(통합) 집단의 과학적 소양의 습득 점수가 다른 집단들에 비해 유의미하게 높았다($F=13.12$, $p<.001$). 또한 탐구과정의 수준을 구분하는 경우와 구분

하지 않는 경우의 차이를 계획 비교하였을 때, CSBIP(기초) 집단과 CSIIP(통합) 집단의 과학적 소양의 습득 점수가 CSAIP(전체) 집단의 점수보다 유의미하게 높았다(F=17.21, p<.001).

위의 결과를 종합해보면, CSILE의 탐구과정 지원방식에 따른 집단 간 탐구력, 과학적 지식의 이해, 과학적 소양의 습득에는 통계적으로 유의미한 차이가 있었다. 저차원의 탐구과정을 지원하는 경우 과학적 지식의 이해 점수가 높았고, 고차원의 탐구과정을 지원하는 경우 과학적 소양의 습득 점수가 높았다. 탐구과정의 수준을 구분하여 제시하는 경우가 구분하지 않는 경우보다 탐구력이나 과학적 지식의 이해, 과학적 소양의 습득에서 유의미하게 점수가 높았다.

CSILE의 탐구과정 지원방식에 따른 집단의 탐구상황 및 탐구모형의 차이를 비교하기 위한 연구문제 2의 검증결과는 다음과 같다. 첫째, 탐구과정 지원방식에 따라 집단의 탐구상황에 차이가 있을 것이라는 가설에 대해, 먼저 NAEP(2000)의 분석틀에 따라 탐구상황별로 메시지 빈도를 추출하였고, χ^2 검증을 하여 집단 간 탐구상황과 지원방식의 관련성을 분석하였다. 실험 결과 탐구과정의 지원방식과 탐구상황 메시지 유형 간에는 유의미한 관련이 있는 것으로 나타났다(χ^2=836.04, p<.001). 집단별로 탐구과정 지원방식에 따라 어떤 메시지 유형이 주로 나타났는지 그 차이를 검증한 결과, CSBIP(기초) 집단이 다른 집단에 비해 학술지향적인 탐구상황을 전개한 것으로 나타났다(F=17.94, p<.001). 문제지향적인 탐구상황의 경우, CSIIP(통합) 집단이 다른 집단에 비해 유의미하게 높은 점수를 나타냈다(F=14.83, p<.001). 과제지향적인 상황의 경우, CSAIP(전체) 집단이 다른 집단에 비해 유의미하게 높은 점수를 나타냈다(F=23.88, p<.001). 이해지향적인 상황의 경우, CSBIP(기초) 집단이 다른 집단에 비해 유의미하게 높은 점수를 나타냈다(F=25.51, p<.001). 실용지향적인 상황의 경우, CSIIP(통합) 집단이 다른 집단에 비해 유의미하게 높은 점수를 나타냈다(F=4.26, p=.02).

둘째, 탐구과정 지원방식에 따라 집단의 탐구모형에 차이가 있을 것이라는 가설에 대해, 근거이론에 따라 도출한 집단별 탐구모형에서 명확한 차이를 발견할 수 있었다. CSBIP(기초) 집단은 주로 학술적인 이해를 증진하기 위한 활동을 했으며, 자료를 수집하고 이를 설명하는 탐구과정을 수행하였다. 교사의 동기부여나 피드백이 중요한 조건이 되었으며 개별적 탐구를 중심으로 과학적 지식의 이해를 얻었다. CSIIP(통합) 집단은 주어진 문제를 해결하기 위해 협력적 탐구를 하였으며 주장과 근거를 제시하는 논쟁을 하였다. 학습자들은 팀워크를 다지기 위해 서로 격려하거나 자신이 다른 학습자들을 위해 기여한다는 생각을 촉매로 문제를 해결해 나갔다. 학습자들은 활발한 협력적 탐구활동을 통해 과학적 소양을 효과적으로 습득하였다. CSAIP(전체) 집단은 자신들이 해결할 과제를 우선시하여 과제의 의미와 조건을 파악하기 위해 노력하였다. 개념을 이해하거나 탐구과정의 본질을 이해하려는 활동은 부족하였다. 다른 조와 비교하여 높은 평가를 받기 위해 경쟁하였으며 자체 규약을 정해 학습자들의 외재적 동기를 촉진하였다. 과제의 신속한 해결을 위해 전체 과제를 개인별로 분할하여 작업했으며 결국 과제를 효율적으로 해결할 수 있었다.

위의 결과를 종합해보면, 탐구과정의 지원방식에 따라 각 집단의 탐구상황이나 탐구의 형태가 달라지는 것을 알 수 있다. CSILE가 저차원의 탐구과정을 지원하는 경우, 학술지향적이고 이해지향적인

의도로 서로의 과학적 지식을 확충시켜 주었음을 알 수 있다. CSILE
가 고차원의 탐구과정을 지원하는 경우, 주어진 문제를 해결하기 위
해 문제지향적이고 실용지향적인 의도로 협력적 탐구과정을 수행한
것을 알 수 있다. CSILE가 저차원과 고차원의 탐구과정을 모두 지
원하는 경우, 학습자들은 과제를 해결하기 위한 의도로 개념의 이해
를 위한 노력보다는 과제의 분업적 해결에 주력하였다. 결국 이와 같
이 탐구과정의 지원방식은 학습자들의 탐구목표에 영향을 주고, 탐구
활동의 상황을 결정하는 중요한 요인임을 알 수 있다.

2. 제 언

CSILE에서의 탐구과정 지원방식과 관련하여 본 연구에서 관찰한
현상을 근거로, 후속 연구를 위해 다음의 몇 가지를 제언하고자 한다.
첫째, 본 연구는 연구의 목적에서 기존의 CSILE가 과학과 본연의
탐구과정을 정확히 안내하지 못하였다는 문제를 제기하였다. 그러나
여기서 생각해 볼 부분은 탐구과정이 과연 과학과만의 기능인가 하
는 점이다. Millar(1989)는 과학의 탐구과정이라는 것이 과학과만 특
별한 관련을 가진 것이 아니며 다른 학문과 구분 짓는 기준이 아니
라는 점을 지적하였다. 그는 과학과의 탐구과정이 과학에서만 독특하
게 강조되는 속성이 아니라 일반적인 인지과정이라고 보았다. 또한
탐구과정이라는 것이 하위 단계에서 상위 단계로 이르는 위계적인
속성의 관계가 아님을 강조하였다. 본 연구는 현재의 교육과정이 명
시한 대로 학습자들이 탐구과정의 단계적 절차를 따라 학습을 하도

록 하였다. 과연 이러한 절차적 학습이 효과적인지, 아니면 위계와 관계없이 일반적인 탐구의 방법으로 권장되는 귀납적 추론의 방법이 효과적인지 알아볼 필요가 있다. 귀납적 추론의 방법은 위계적인 탐구과정의 단계가 아닌 논리의 일반적인 합리화 과정을 따라 탐구하는 것이다. 절차에 상관없이 필요에 따라 탐구과정을 선택하는 학습이다. 절차적인 탐구과정은 학습자들에게 과학적인 사고를 하게 한다는 주장(Schwab, 1978)에 대해 순환적인(recursive)[8] 탐구과정의 효과를 비교해보는 것도 탐구과정의 적용 원리를 다시 살피는 의미 있는 작업이 될 것이다.

둘째, 최근 이러닝의 대중화와 더불어 온라인상에서의 비동기적 교육만으로 감당하기 어려운 문제를 면대면 교육에서 보충하는 혼합형 학습(blended learning)이 관심을 받고 있다. Hakkarainen 등 (2002)은 면대면 교육을 병행하는 CSILE에서의 학습이 온라인 학습만을 실시한 경우보다 학습효과가 높았음을 경험적 연구로 검증하였다. 본 연구는 탐구과정의 수준을 통제하기 위해 웹 기반 CSILE를 중심 학습의 장으로 하는 과정에서, 면대면 교육의 필요성과 기능에 대해 살피지 못하였다. 만약 면대면 교육에서 저차원의 탐구과정을 지원하고 웹 기반 교육에서 고차원의 탐구과정을 지원하는 경우 더욱 효과적인 학습 성과를 얻었을지 모른다. 면대면 교육이 CSILE에서의 탐구학습에 어떤 영향을 주고 어떠한 방식으로 접목되어야 하는지 바람직한 방안을 살펴야 할 필요가 있다.

---

8) 순환적이라는 의미는 iterative와 recursive로 구분할 수 있다. 전자는 일련의 전체 과정을 처음부터 끝까지 반복하는 것이고, 후자는 각각의 단계를 순서에 관계없이 반복하는 것을 의미한다.

셋째, 본 연구는 선행연구에서 근거이론의 분석 방법을 활용해 CSILE에서의 공동저술에 영향을 미치는 요인들을 추출하였다. 이는 요인분석과 비교하면 탐색적인 분석을 한 것이다. 후속연구로서의 본 연구는 선행연구에서 가장 핵심적인 변인으로 나타난 학습자들의 공동 이해라는 요인을 탐구의 수준과 관련하여 분석하였다. 공동의 이해를 향상하기 위해 탐구과정의 수준을 조절하는 것이 바람직한 것인지 그 해답을 얻고 싶었기 때문이다. 그러나 공동의 이해 수준 외에 CSILE에서의 공동저술 활동에 영향을 주는 다양한 요인들이 있을 수 있다. 이들 요인들의 중요도를 분석하는 확인적 요인분석이나 각 요인들의 영향력을 비교하는 회귀분석 등 일반화에 용이한 통계 방법을 활용해 CSILE에서의 학습에 영향을 주는 다양한 요인들을 객관적으로 검증할 필요가 있다.

넷째, 본 연구는 탐구과정에서의 교사의 역할을 학습동기에 영향을 주고 협력활동을 촉진하는 결정적인 변인으로 파악하였다. 학습자들에게 인지적인 부담으로 작용하는 탐구과정의 절차나 프로그램의 기능을 학습자들에게 이해시키기에 교사의 도움이 필요했기 때문이다. 그러나 CSILE의 속성에 대한 기존의 연구(Bereiter et al. 1997)를 참고하면 교사의 역할이란 주도적인 교수자라기보다 동등한 동료 연구자에 가까워야 한다. 학습의 단기적인 효과를 고려한다면 교사의 역할이 평가자이고 관리자일 수 있으나, 장기적인 안목에서 학습자의 자기 주도적 학습능력을 신장시키려면 새로운 역할의 정립이 요구된다. 결국 CSILE에서의 교사의 역할에 대한 명확한 설정이 요구되며, 어떤 기능을 해야 학습자들의 장기적 학습 성과에 영향을 줄 수 있는지 살피는 것도 의미 있는 연구가 될 것이다.

참고문헌

교육인적자원부(2002). **제7차 초등학교 교육과정**. 서울: 대한교과서 주식회사.

교육인적자원부(2003). **과학 6-1: 초등학교 교사용 지도서**. 서울: 대한교과서 주식회사.

권재술, 김범기(1994). 초·중학생들의 과학탐구능력 측정도구의 개발. **한국과학교육학회지**, 14(3), 251-264.

김동식, 김지일(2003). 웹에서의 지식구축을 위한 공동저술 활동에 관한 연구. **교육학연구**. 41(2), 491-521.

김동식, 이승희, 김지일(2002). 네트웍 기반의 학습에서 협력적 성찰지원 도구 설계 전략 탐색. **컴퓨터 교육학회 논문지**. 5(3), 89-106.

김은진(2000). **과학교과 수행 평가틀의 개발**. 서울대학교 박사학위논문.

우종옥, 정철(1996). 과학탐구의 3차원 평가틀에 의한 평가 목표 분류 및 진술. **한국과학교육학회지**, 16(3), 270-277.

이승희(2002). CSCL에서 **협력적 성찰지원 도구의 효과 분석**. 한양대학교 박사학위논문.

조정일(1990). 탐구로서의 과학학습의 본질과 탐구과학교육을 위한 조건들의 변화. **한국과학교육학회지**, 10(1), 65-76.

조희형(1992). 과학적 탐구의 본질에 대한 분석 및 탐구력 신장을 위한 학습지도 방법에 관한 연구. **한국과학교육학회지**, 12(1), 61-73.

황승숙(1999). **불임여성의 경험에 대한 근거이론적 접근**. 한양대학교 박사학위논문.

American Association for the Advancement of Science(1990). *Benchmarks for science literacy*. New York: Oxford University

Press.

APU(1981). *Science in schools: Age 11(Report No.1)*. London: Her Majesty's Stationary Office.

Bell, P. (2002). Using argument map representations to make thinking visible for individuals and groups. In T. Koschmann, R. Hall, & N. Miyake(Eds.), *CSCL2: Carrying forward the conversation*(pp.449-485). Mahawah, NJ: Lawrence erlbaum associates.

Bereiter, C., & Scardamalia, M.(1989). Intentional learning as a goal of instruction. In L. B. Resnick(Ed.), Knowing, learning, and instruction: *Essays in honor of Robert Glaser* (pp.361-392). Hillsdale, NJ: Lawrence Erlbaum Associates.

Bereiter, C., Scardamalia, M., Cassells, C., & Hewitt, J.(1997). Postmodernism and elementary science. *Elementary School Journal, 97*(4), 329-340.

Bransky, J.(1993). Applying Physics Concepts-uncovering the gender differences in Assessment of Performance Unit results. *Research in science & technological education, 11*(2), 141-159.

Burtis, J.(1997). *Sociocognitive Design Issues for Interactive Learning Environments Across Diverse Knowledge Building Communities*. Paper presented at the Annual Meeting of the American Educational Association, Chicago.

Carr, M. M., Hewitt, J., Sardamalia, M., & Reznick, R. K.(2002). Internet Based Otolaryngology case discussions for medical students. *The Journal of Otolaryngology, 31*(4), 197-201.

Chalmars, A. F.(1982). *What is this thing called science?: An assessment of the nature and status of science and its method*. St. Lucia, Queensland: University of Queensland

Press.

Chi, M. T. H.(1997). Quantifying qualitative analyses of verbal data. *Journal of the Learning Sciences, 6,* 271-315.

Chi, M. T. H., Chiu, M. H., & Vancher, C.(1994). Eliciting self-explanations improves understanding. *Cognitive Science, 18,* 476-499.

Cohen, A.(1995). Mediated collaborative learning-How CSILE supports a shift from knowledge in the head to knowledge in the world. In Marlene Scardamalia(Chair), Collaborative knowledge Building on a computer Network. *American Educational Research Association(AREA).* San Francisco.

Collins, A.(2002). The balance between task focus and understanding focus: education as apprenticeship versus education as research. In T. Koschmann, R. Hall, & N. Miyake(Eds.), *CSCL2: Carrying forward the conversation*(pp.43-47). Mahawah, NJ: Lawrence erlbaum associates.

Eisenhart, M., Finkel, E., & Marion, S. F.(1996). Creating the conditions for scientific literacy: A re-examination. *American Educational Research Journal, 33*(2), 261-295.

Ford, D. J.(1999). *The role of text in supporting and extending first-hand investigations in guided inquiry science.* Doctoral dissertation, University of Michigan.

Gott, D. & Duggan, S.(1994). Practical work: its role in the understanding of evidence in science. *IJSE, 18*(7), 791-806.

Hakkarainen, K., Lipponen, L., & Jarvela, S.(2002). Epistemology of inquiry and computer-supported collaborative learning. In T. Koschmann, R. Hall, & N. Miyake(Eds.), *CSCL2: Carrying forward the conversation*(pp.129-156). Mahawah, NJ:

220

Lawrence erlbaum associates.

Harms, A. C.(1999). *The Spiral of inquiry: A Study in the phenomenology of inquiry.* University Press of America.

Hewitt, J.(2002). From a focus on task to a focus on understanding: The cultural transformation of a toronto classroom. In T. Koschmann, R. Hall, & N. Miyake(Eds.), *CSCL2: Carrying forward the conversation*(pp.11-41). Mahawah, NJ: Lawrence erlbaum associates.

Hewitt, J., Scardamalia, M. & Webb, J.(1998). *Situative Design Issues for Interactive Learning Environments: The Problem of Group Coherence.* Paper presented at the Annual Meeting of the American Educational Association, Chicago.

Hills, J. L.(1970). Building and Using Inquiry Models in the Teaching of Geography. In Bacon(Ed.). *Focus on Geography: Key concepts and teaching strategies* (pp. 306-334). WA.: National Council for the Social Studies.

Joyce, B., Weil, M., & Calhoun, E.(2000). *Models of teaching*(6th Ed.). Allyn and Bacon.

Klopfer, L. E.(1971). Evaluation of learning in science. In J. T. Hastings, B. S. Bloom., & G. F. Madaus(Eds.). *Handbook of Formative and Summative Evaluation of Student Learning* (pp.123-165). New York: Mcgraw-Hill.

Krajcik, J., Blumenfeld, P. C., Marx, R. W., Bass, K. M., & Fredricks, J.(1998). Inquiry in project-based science classrooms: Initial attempts by middle school students. *The Journal of the Learning Sciences, 7(3 & 4)*, 313-350.

Lamon, M.. Chan, C., Scardamalia, M., Burtis, P. J., & Brett, C.(1993). *Beliefs about learning and constructive process in* reading: *Effects of a computer supported intentional learning environments(CSILE).* Paper presented at the annual meeting of the American Educational Research Association, Atlanta.

Lamon, M., Reeve, R., & Scardamalia, M.(2001). *Mapping Learning and the Growth of Knowledge in a Knowledge Building Community.* Paper presented at the annual meeting of the American Educational Research Association, Seattle, WA.

Lassely II, T. J., & Matczynski, T. J.(1997). *Strategies for teaching in a diverse society: Instructional models.* Belmont: Wadsworth Publishing Company.

Lindquist, M. M.(2001). NAEP, TIMSS, and PSSM: Entangled Influences. *School science and mathematics, 101*(6), 111-116.

Millar, R.(1989). *Doing science: Images of science education.* London: The Falmer Press.

Miller, J. D.(1983). Scientific Literacy: a conceptual and empirical review. *Daedauls, 112*(2), 29-48

NAEP(1989). *Science Objectives: 1990 Assessment.* The Nation's Report Card.

NAEP(1995). *Science Objectives: 1996 Assessment.* The Nation's Report Card.

National Assessment Governing Board U. S. Department of Education(2000). Science Framework for the 1996 & 2000 National Assessment of Educational Progress.

Oshima, J., & Oshima, R.(2002). Coordination of asynchronous and synchronous communication: differences in qualities of knowledge advancement discourse between experts and novices. In T. Koschmann, R. Hall, & N. Miyake(Eds.), *CSCL2: Carrying forward the conversation*(pp.55-84).

Mahawah, NJ: Lawrence erlbaum associates.

Punja, Z.(1999). *Computer Supported Intentional Learning Environments(CSILE): facilitating the re-establishment of the dynamic scholar community of the past.* Retrieved 5/30/2001, from http:orgwis.gmd.de/~gerry/publications/ conferences/1999 /csc1999.

Scardamalia, M., & Bereiter, C.(1991). Higher levels of agency for children in knowledge building: A challenge for the design of new knowledge media. *Journal of the Learning Sciences, 1,* 37-68.

Scardamalia, M., & Bereiter, C.(1993). Technologies for knowledge building discourse. *Communications for the ACM, 36*(5), 37-41.

Scardamalia, M., & Bereiter, C.(1994). Computer support for knowledge-building communities. *The Journal of the Learning Sciences, 3,* 265-283.

Scardamalia, M., & Bereiter, C.(1996). Engaging students for knowledge society. *Educational leadership, 3,* 6-10.

Shapiro, B.(1994). *What children bring to right: A constructivist perspective on children's learning in science.* New York: Teachers College Press.

Shin, E. C., Schallert, D. L., & Savenye, W. C.(1994). Effects of learner control, advisement, and prior knowledge on young student's learning in a hypertext environment. *Educational Technology Research and Development, 42*(1), 33-46.

Showalter, V. M.(1974). What is unified science education? Program objectives and scientific literacy.(Part5). *Prism II,* 23-44.

Stahl, G.(1999). *Perspectives on collaborative knowledge-building environments: toward a cognitive theory of computer support for learning.* Retrieved 10/20/2001, from http:orgwis.gmd.de/ ~gerry/publications/conferences/1999/cscl99/

Strauss, M. A., & Corbin, J.(1998). Basics of Qualitative Research: Techniques and Procedures for Developing Grounded Theory. Newbury Park, Cal: Sage Publications. 신경림(역) (2001). **근거이론의 단계**. 서울: 현문사.

Schwab, J.(1978). *Science, curriculum, and liberal education: Selected essays.* Chicago: University of Chicago Press.

Trowbridge, L. W., & Bybee. R. W.(1986). *Becoming a secondary school science teacher.* Columbus, OH: Merrill Publishing Company.

Varealas, M.(1996). Between theory and data in a seventh-grade science class. *Journal of Research in Science Teaching, 33,* 229-263.

Vermunt, J. D.(1996). Metacognitive, cognitive and affective aspects of learning styles and strategies: a phenomenographic analysis. *Higher Education, 31,* 25-50.

White, B. Y., & Fredericksen, J. R.(1998). Inquiry, modeling, and metacognition: Making a science accessible to all students. *Cognition and Instruction, 16,* 3-118.

Winne, P. H.(1995). Inherent details in self-regulated learning. *Educational Psychologist, 30*(4), 173-188.

Woolnough, B. E.(1991). *Practical Science.* London: Open University Press.

[부록 1] 과학과 배경지식 검사

[부록 2] 인터넷 활용 능력 검사

[부록 3] 학습양식의 협력적 성향 검사

[부록 4] 과학과 탐구력 검사지

[부록 5] 학습내용의 구성표

[부록 6] 학습 지도안

[부록 7] CSBIP(기초)의 추리과제

[부록 8] CSIIP(통합)의 문제와 탐구과정 안내 자료

[부록 9] 탐구상황에서의 상호 작용 메시지(예시)

[부록 1] 과학과 배경지식 검사

과학과 준비도 평가	( )학년 ( )반 ( )번 이름 ( )

【1】 다음 설명을 바르게 한 것은 어느 것입니까?(   )

　　① 오목 거울은 빛을 한 점으로 모은다.

　　② 볼록 거울은 빛을 한 점으로 모은다.

　　③ 오목 렌즈의 안경은 빛이 모인다.

　　④ 볼록 렌즈의 안경은 빛이 퍼진다.

【2】 설탕 10g를 100mL의 물이 담긴 비커에 넣어서 녹인 다음 무게를 달아보았더니, 설탕물이 담긴 비커의 무게가 160g이었습니다. 비커의 무게가 50g이라면 물의 무게는 몇 g일까요?

 g

【3】 다음 그림과 같이 모기향불을 피웠을 때 연기는 가, 나 중 어느 쪽으로 나올까요?(   )쪽

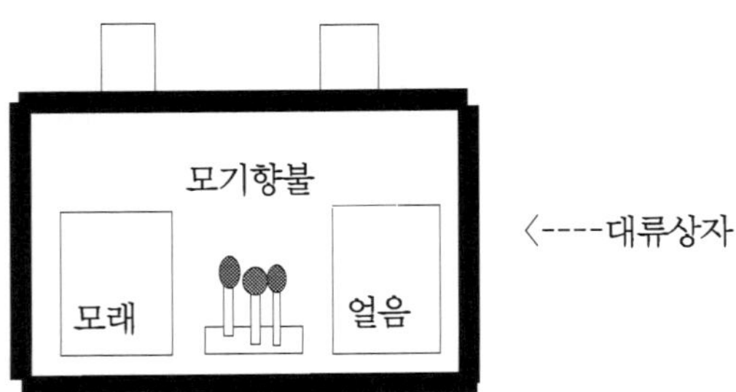

【4】 말은 2분에 2400m를 갑니다. 자동차는 1시간에 78km를 갑니다. 말과 자동차 중 어느 것이 더 빠릅니까?

【5】 비가 오는 날 호박의 암꽃이 피었습니다. 며칠 후에 암꽃의 호박이 떨어졌습니다. 왜 떨어졌을까요?(　　)

① 비가 많이 와서 호박이 썩었기 때문에

② 바람이 조금 불어서

③ 호박이 무거워서

④ 꽃가루받이가 이루어지지 못했기 때문에

【7】 백반 포화용액에서 백반 결정을 만들 때 진한 백반 용액을 스티로폼 상자에 넣어두는 까닭은 무엇 때문인가요?(　　)

① 온도를 더 높여주기 위해서

② 빨리 식게 하기 위해서

③ 천천히 식게 하기 위해서

④ 색깔이 변하게 하기 위해서

【8】 식물이 자라는 데 필요한 양분은 어디에서 만드는가요?(　　)

① 꽃　　　② 잎　　　③ 줄기　　　④ 뿌리

【9】 지표면의 공기가 따뜻해지면 위로 올라갑니다. 높이 올라 갈수록 온도가 낮아져 공기 중의 ① [　　　　　] 들이 작은 얼

음 알갱이가 되어 ②〔   〕이 만들어집니다. 이것
속의 얼음 알갱이에 수증기가 계속 달라붙어 얼음 알갱이가 커
지면 무거워서 지표면으로 떨어지는 것이 ③〔   〕
이고 내리면서 녹은 것이 ④〔   〕입니다.

【10】다음에 해당되는 생물의 이름을 보기에서 찾아 쓰시오.

① 녹색의 가늘고 긴 머리카락 모양이 엉켜져 있다.(   )

② 잎이 둥글고 아래쪽에 흰 뿌리가 있고, 잎의 수가 2~3개
정도이며, 물 위에 떠있다.(   )

③ 크기가 5~7mm 정도로 머리, 가슴, 배로 되어 있고, 회색
이며, 여러 개의 마디로 되어 있다.(   )

④ 크기가 1~2cm 정도로 몸은 작고 가늘며 두 개의 눈과
배 가운데 입이 있는데 미끄러지듯이 기어 다닌다.(   )

보기
플라나리아, 우산이끼, 개구리밥, 지렁이, 장구벌레, 해캄, 솔이끼

【11】생물이 생활에 영향을 끼치는 알맞은 환경 요소를 쓰시오.

① 사막여우는 귀가 크고 북극여우는 귀가 작습니다.(   )

② 고양이는 낮에는 눈동자가 작아지고 밤에는 눈동자가 커
집니다.(   )

③ 사막의 선인장의 잎은 가시 형태로 변형되어 있습니다.(   )

④ 여름에는 붕어의 호흡이 빠르고 겨울에는 느립니다.(   )

【12】 다음 용액의 성질을 쓰시오.

용 액	색 깔	붉은 리트머스 종이	푸른 리트머스 종이	페놀프 탈레인 용액	자주색 양배추 즙	용액의 성질
묽은 염산	무색 투명	변화 없음	붉게 변함	변화 없음	붉게 변함	①
묽은 수산화 나트륨 용액	무색 투명	푸르게 변함	변화 없음	붉게 변함	연녹색	②

①: (   )   ②: (   )

【13】 용액을 관찰할 때 주의할 점으로 **바르지 못한 것**을 고르시오.
(   )

    ① 용액이 피부에 묻었을 때는 즉시 물로 씻는다.

    ② 용액이 눈에 들어가지 않도록 보안경을 쓴다.

    ③ 용액의 맛을 함부로 보지 않는다.

    ④ 용액을 직접 코에다 대고 냄새를 맡는다.

【14】 여러 가지 열매와 씨를 관찰한 내용입니다. 특징에 맞는 씨나
열매를 줄로 이으시오.

    ① 연분홍이나 노란색의 과육 표면에는
       솜털, 속에는 단단한 껍질 안에 씨   ·   ㉠ 단풍나무

    ② 날개 모양의 껍질 안에 씨   ·   ㉡ 복숭아

    ③ 꼬투리 안에 검은색의 씨   ·   ㉢ 도깨비바늘

    ④ 바늘 모양의 씨끝에 네 개의 가시   ·   ㉣ 봉숭아

【15】 다음 표에 알맞은 암석의 이름을 적으시오.

구분 ＼ 암석	①	②
겉모양	표면에 크고 작은 구멍이 많이 있는 것도 있고 구멍이 없는 것도 있다.(구멍은 가스가 빠져나간 자국임)	대체로 밝은 바탕에 검은 반점이 있다.
색깔	검은색 또는 회색	밝은 색, 검은색 알갱이는 반짝거린다.
알갱이의 크기	맨눈으로 구별하기 어려울 정로도 아주 작다	여러 종류의 알갱이로 대체로 크다

①: (　　　　　　　　　) ②: (　　　　　　　　　)

【16】 금속이 산과 반응하여 발생하는 물질이 무엇인지 □ 안에 알맞은 답을 적으시오.

묽은 염산 용액	+	철	→

| 수소 기체 | + | | + | 처음의 철과 다른 물질 |

【17】 묽은 염산 용액과 묽은 수산화나트륨 용액을 섞었을 때의 성질을 바르게 말한 것은 어느 것입니까?(　　)

① 묽은 염산 용액에다 묽은 수산화나트륨 용액을 아무리 많이 섞어도 산성 용액이 된다.

② 묽은 수산화나트륨 용액에다 묽은 연산 용액을 아무리 많이 섞어도 염기성 용액이 된다.

③ 묽은 염산 용액과 묽은 수산화나트륨 용액을 알맞게 섞으면 중성 용액이 된다.

④ 묽은 염산 용액과 묽은 수산화나트륨 용액을 섞으면 항상
  나중에 넣은 용액의 성질이 된다.

【18】 다음 보기의 회로도처럼 지시된 연결 방법대로 회로도를 그리
  시오.

①전구의 직렬연결   ②전구의 병렬연결

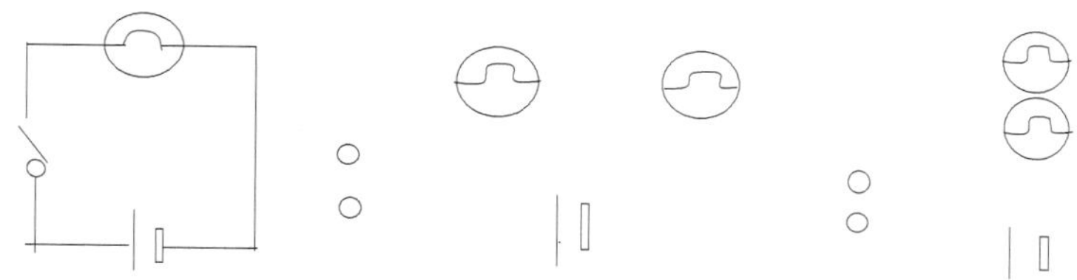

【19】 태양계에서 세 번째 가까운 거리에 있고 표면에 물이 있어 생
  명이 존재합니다. 어느 행성일까요?(   )

【20】 다음은 물의 에너지 변환 관계를 나타낸 것입니다. □ 안에 에너지
  의 종류를 쓰시오.

높은 곳에 있는 물이 떨어짐→발전기가 돌아감→전지가 발생함

→ | 물의 위치 에너지 | → | | → | 전기 에너지 |

[부록 2] 인터넷 활용 능력 검사

이 설문지는 여러분의 인터넷 활용 능력 수준을 알아보기 위한 것입니다. 여러분의 솔직한 대답이 흥미롭고 유익한 인터넷 사이트를 만드는 데 큰 도움이 되오니 최대한 성실하게 대답해 주기 바랍니다.

반		번호		이름	

문항	정말 그렇다	그렇다	조금 그렇다	그렇지 않다	전혀 그렇지 않다
1. 인터넷을 이용하여 원하는 자료를 정확히 찾을 수 있다					
2. 인터넷 홈페이지를 작성할 수 있다.					
3. FTP를 사용할 수 있다.					
4. 인터넷에서 물건을 구매할 수 있다.					
5. 전화보다 이메일을 자주 활용한다.					
6. 인터넷을 통해 많은 사람들을 만난다.					
7. 메신저 프로그램을 항상 사용한다.					
8. 불건전한 이메일은 수신거부를 한다.					
9. 공손한 용어를 사용하여 인터넷 대화를 한다.					
10. 인터넷이 없으면 생활에 큰 불편을 겪게 될 것이다.					

[부록 3] 학습양식의 협력적 성향 검사

이 설문지는 여러분이 학습을 하는 데 협력하는 방식을 좋아하는지 알아보기 위한 것입니다. 여러분의 정확한 대답이 유익한 학습계획을 세우는 데 큰 도움이 되오니 최대한 성실하게 대답해 주기 바랍니다.

반		번호		이름	

문항	정말 그렇다	그렇다	조금 그렇다	그렇지 않다	전혀 그렇지 않다
1. 나는 혼자서 시험공부를 하는 것보다 다른 친구들과 함께하는 것을 더 좋아한다.					
2. 친구들이 지켜보기 때문에 난 더 열심히 공부한다.					
3. 나는 숙제를 친구들과 함께하길 좋아한다.					
4. 나는 내가 정확히 알고 있는지 친구들이 확인해주는 것이 매우 중요하다고 생각한다.					
5. 내가 어떻게 공부를 해야 할지 친구로부터 조언을 듣는 것이 필요하다고 생각한다.					
6. 나는 모르는 것이 있으면 친구들에게 물어보는 것을 좋아한다.					
7. 과제를 혼자서 하는 것보다 다른 친구들과 함께 해결하는 것이 더 효과적이다.					
8. 나는 공부할 때 다른 친구들의 도움이 꼭 필요하다.					

[부록 4] 과학과 탐구력 검사지

과학탐구 능력 검사지

　　본 검사지는 여러분의 과학탐구 능력을 측정하기 위한 도구입니다. 검사 결과는 학교 성적과 무관합니다. 조사 자료는 공개하지 않으며, 연구목적 이외에는 사용하지 않습니다. 각 문항을 잘 읽고 이해한 다음 성의껏 답하여 주시기 바랍니다.

　　각 문항의 답을 답안지에 기록한 후, 본 검사지와 답안지를 제출하여 주십시오.

한국 교원대학교 물리교육 연구실

(우)363-791 충북 청원군 강내면 다락리 산 7번지(전화: (043)230-3700)

본 검사지는 한국교원대학교 물리교육 연구실에서 개발한 것입니다.

1. 다음 4개의 그림 중 다른 하나를 찾으시오.····················( )

2. 다음의 여러 가지 물체를 비슷한 물체끼리 두 집단으로 나누려고
   한다.··( )

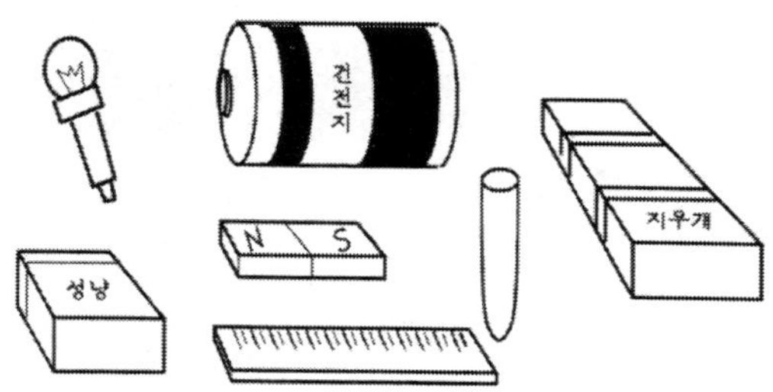

① 모양으로   ② 색깔로
③ 길이로   ④ 부피로

3. 아래의 유리 기구 속에 들어 있는 액체의 양은 얼마인가?…(   )

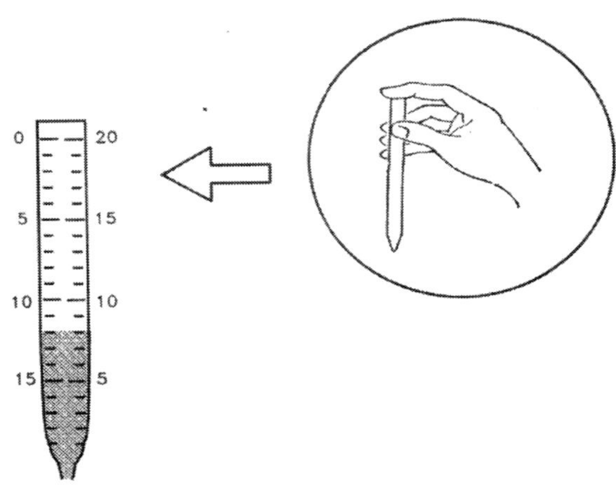

① 4mL   ② 8mL
③ 12mL   ④ 20mL

4. 다음 4개의 도형 중 다른 하나를 찾으시오.……………………(   )

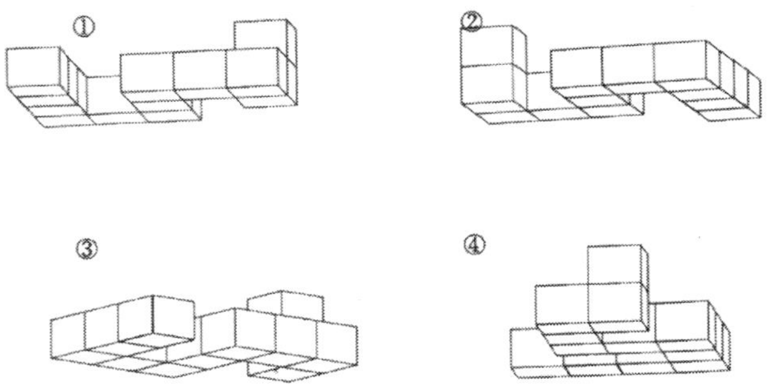

5. 그림〈가〉는 꼬레리의 모양이고, 그림〈나〉는 꼬레리가 아닌 것이다.

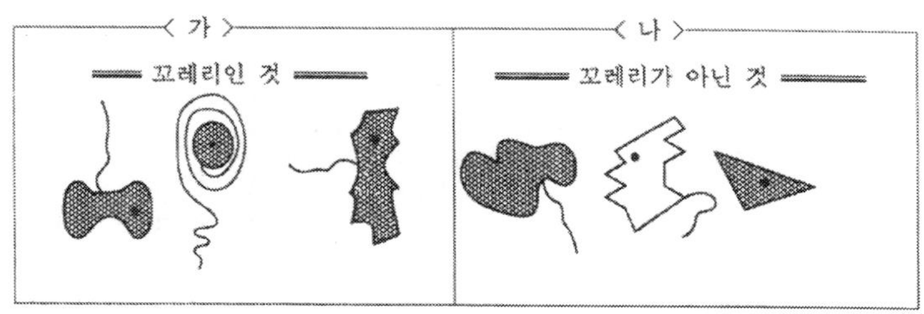

다음 중에서 '꼬레리'인 것은?……………………………………………( )

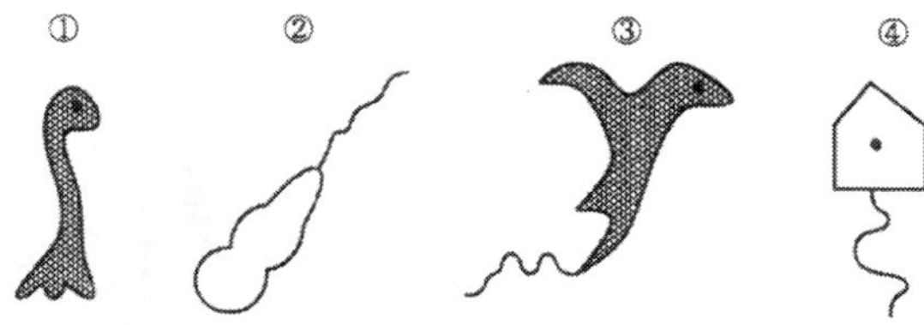

6. 그림과 같이 막대 자 옆에 연필이 나란하게 있다. 이 연필의 길이
   는 얼마인가?………………………………………………………( )

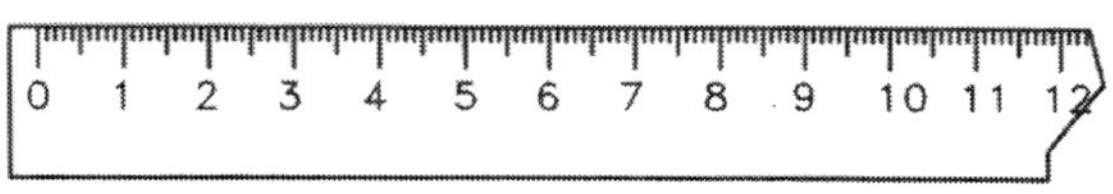

① 9cm   ② 10.1cm   ③ 10.7cm   ④ 110.0cm

7. 아래의 그림을 보고 가장 올바르게 말한 사람은?···········(   )

① 철수: 냄새가 향기롭다.   ② 만근: 길고 네모난 모양이다.

③ 진수: 씹으면 부드러워진다.   ④ 정희: 무게가 5그램이다.

8. 순이는 다음의 동물들을 ⬭ 안의 방법으로 2 집단으로 나누었
다. (바)에 속하는 동물은?······································(   )

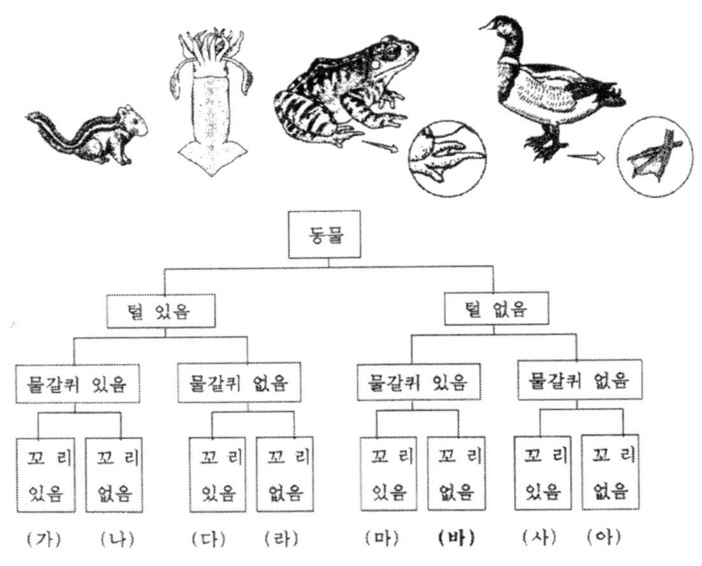

① 다람쥐   ② 오징어   ③ 개구리   ④ 오리

9. 과수원의 모양이 다음 그림과 같다. 과수원의 넓이는 얼마인가?

··(　)

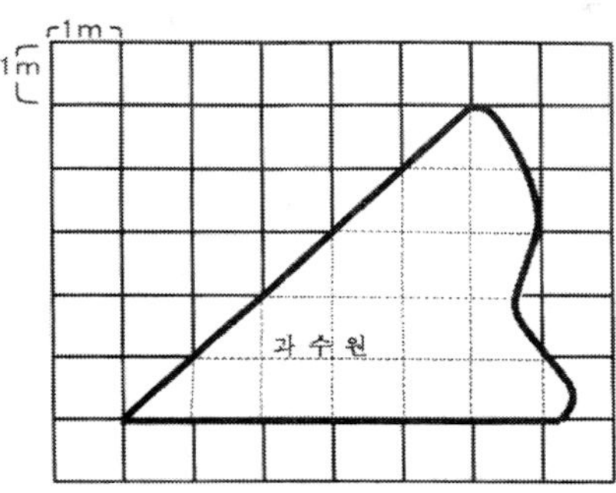

① 12m^2　　② 14m^2　　③ 17m^2　　④ 20m^2

10. 아침 등교 길에 눈 덮인 운동장에서 그림과 같은 사람 발자국을
보았다. 이것으로 알 수 있는 것은?

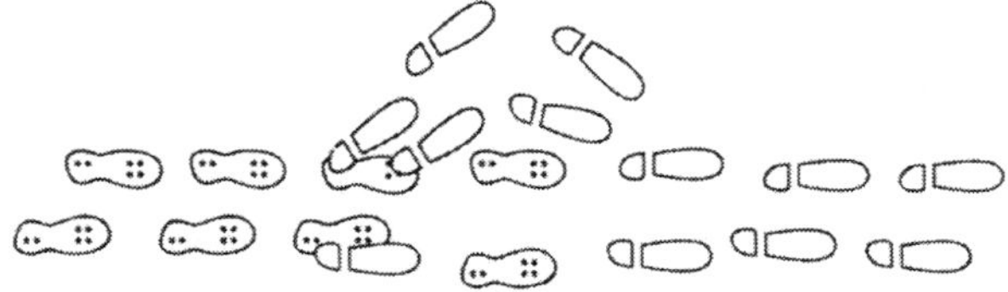

① 두 사람이 줄지어 걸어갔다.

② 두 사람이 서로 번갈아 업고 갔다.

③ 반대쪽에서 온 두 사람이 서로 만났다.

④ 두 사람이 어깨동무하며 걸어갔다.

11. 어떤 도형의 모양을 관찰하였더니 매일 다음과 같은 순서로 변했다.

월요일　화요일　수요일　목요일

목요일에 나타나는 이 도형의 모양은 다음 중 어느 것인가?…( )

12. 과수원 A와 B에 있는 2 종류의 나무 (가)와 (나)에서 열매를 땄더니 다음과 같았다.

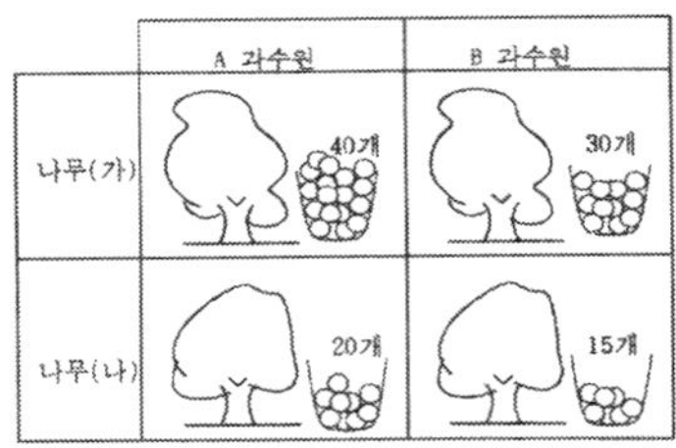

위의 사실을 보고 철수, 만근, 진수, 정희가 그 까닭을 생각해 보았다. 이 중에서 위의 사실을 설명하기에 적합하다고 볼 수 <u>없는</u> 생각은?………………………………………………………………………( )

① 철수: A지역은 B지역보다 토양이 좋았을 것이다.

② 만근: A지역의(가) 나무에만 농약을 뿌렸을 것이다.

③ 진수: B지역에는 벌레가 많았을 것이다.

④ 정희: B지역은 가물었을 것이다.

13. 2주 동안 매일 오전 10시의 기온을 재어 보았더니 그래프와 같았다.

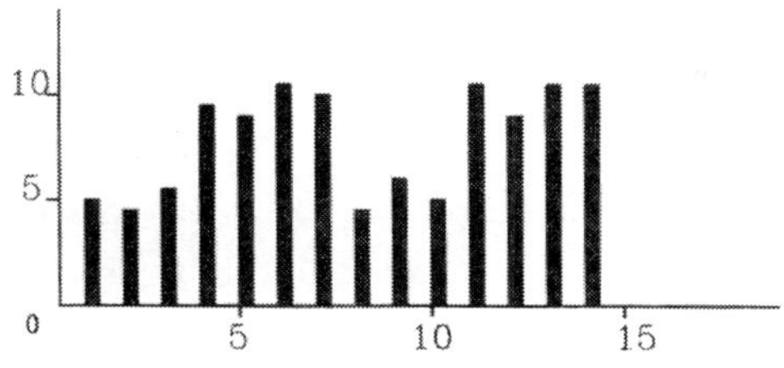

다음 5일 동안의 기온은 어떻게 될까?

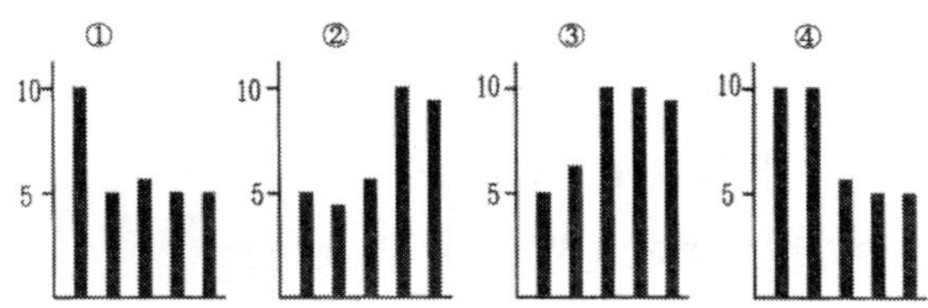

14. 아래 그림은 연못에 돌을 던지고 나서 잠시 후의 모습을 그린 것
   이다. 몇 개의 돌을 던졌을까?·····································(   )

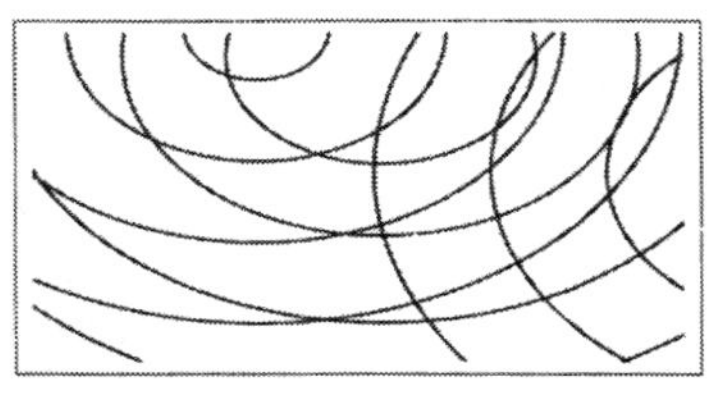

① 2개   ② 3개   ③ 4개   ④ 5개

15. 어느 건물에 있는 네온사인 불빛이 다음과 같은 순서로 켜졌다.
다음에 켜질 네온사인의 불빛은?······························(   )

빨강 → 노랑 → 파랑 → 노랑 → 빨강 → 노랑 → 파랑 → ?

① 빨강   ② 노랑   ③ 파랑   ④ 초록

16. 철수는 마루에 공을 떨어뜨려 튀어 오르는 높이를 측정하는 실험
을 하였다. 그 결과 50cm에서 떨어뜨렸을 때는 30cm 튀어 올랐
고, 10cm에서는 6cm, 100cm에서는 60cm, 30cm에서는 18cm 그리
고 70cm에서 떨어뜨렸을 때는 42cm 튀어 올랐다. 다음 중에서 이
자료를 표로 가장 잘 정리한 것은?······························(   )

①

떨어뜨린 높이(cm)	튀어 오른 높이(cm)
10	6
30	18
50	30
70	42
100	60

②

떨어뜨린 높이(cm)	튀어 오른 높이(cm)
50	30
10	6
30	18
100	60
70	42

③

떨어뜨린 높이(cm)	튀어 오른 높이(cm)
6	10
18	30
30	50
42	70
60	100

④

떨어뜨린 높이(cm)	튀어 오른 높이(cm)
60	100
42	70
30	50
18	30
6	10

17. 다음은 사람들이 오랜 기간 경험한 사실이다. 이 내용으로 보아
    어떤 해석을 할 수 있는가?······················( )

> · 여름철에는 음식이 잘 상한다.
> · 싱싱한 생선도 흙 속에 묻어 두면 뼈만 남는다.
> · 옛날에 살았던 공룡의 시체를 지금은 찾을 수 없다.

  ① 여름철은 음식이 상하기 쉬운 계절이다.

  ② 죽은 생물체는 시간이 지나면 썩어 없어진다.

  ③ 우리는 환경을 보호하여야 한다.

  ④ 공룡과 같은 옛날 동물의 화석을 발견하려고 노력해야 한다.

18. 어떤 식물이 자라는 데 필요한 수분의 양을 조사하고 있다. 각각
    다른 양의 물을 주는 화분 5개에서 같은 종류의 식물을 자라게 했
    다. 두 달 후에, 물의 양에 따라 성장한 식물의 키를 측정하여 아
    래와 같은 그래프를 얻었다.

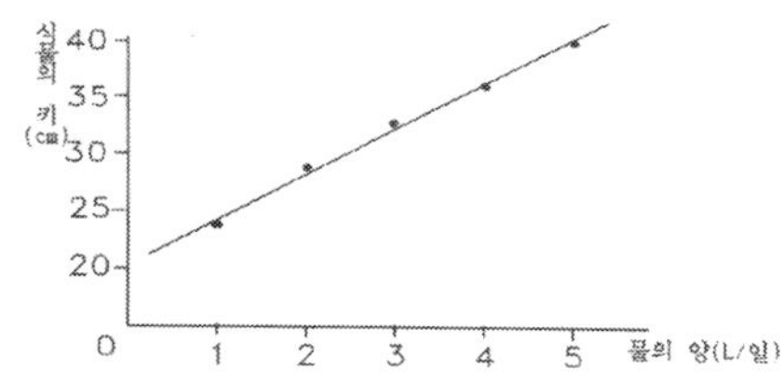

  ① 주는 물의 양이 많을수록 식물의 성장이 빠르다.

  ② 주는 물의 양이 적을수록 식물의 성장이 빠르다.

  ③ 식물이 성장함에 따라 주는 물의 양이 많아진다.

  ④ 식물의 성장이 느려질수록 주는 물의 양이 적어진다.

19. 순이는 크기가 다른 화분에 식물을 심고 얼마나 잘 자라는지 알아본 결과 '일정한 크기까지는 화분이 클수록 식물의 키가 커지고, 그 이상으로 큰 화분을 사용하는 경우는 식물의 키가 일정했다.' 이 결과를 그래프로 바르게 나타낸 것은?·························( )

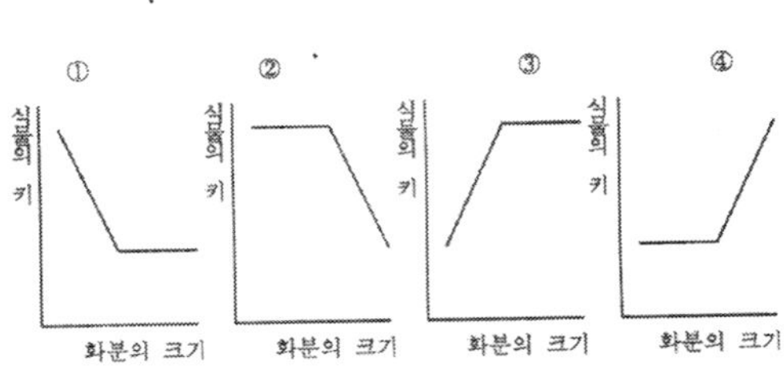

20. 다음의 그래프는 방바닥에서 높이에 따라 방 안의 온도를 측정하여 나타낸 것이다. 이 그래프를 보고 가장 바르게 설명하고 있는 것은 다음 중 어느 것인가?···································( )

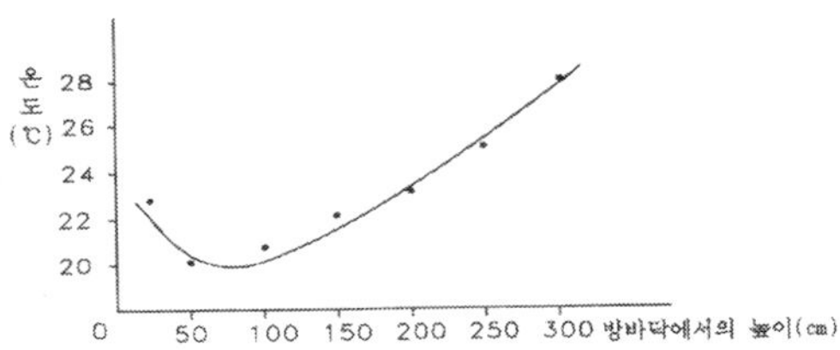

① 방바닥에서 높이가 높아질수록 공기의 온도가 내려간다.

② 방바닥에서 높이가 높아질수록 공기의 온도가 올라간다.

③ 방바닥에서 높이가 높아짐에 따라 공기의 온도가 내려가다 올라간다.

④ 방바닥에서 높이가 높아짐에 따라 공기의 온도가 올라가다 내려간다.

21. 철수는 토마토를 재배하고 있다. 다음은 토마토 꽃이 핀 후, 시간
    이 지남에 따라 토마토의 무게가 어떻게 변하는지 측정하여 기록
    한 표이다.

시간(일)	무게(g)
2	0
7	0
9	1
12	9
18	22

위 표의 결과를 가장 잘 나타내고 있는 그래프는?……………(   )

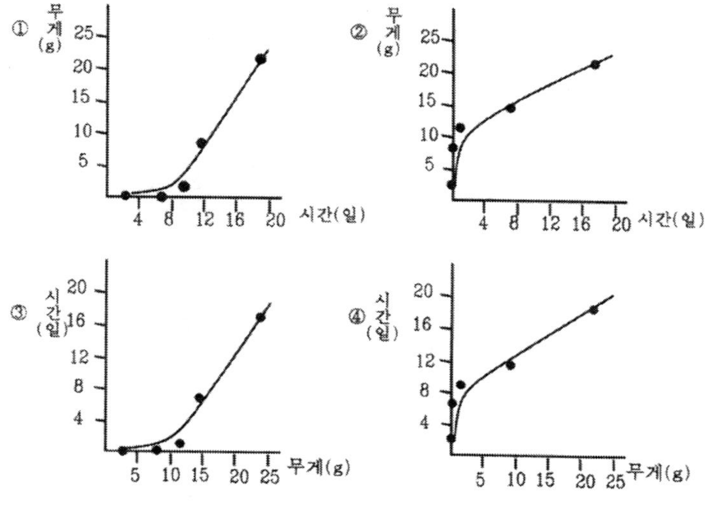

(22-24) 어떤 종류의 비누가 기름때를 가장 잘 제거하는지 알아보기 위해, 같은 양의 기름때가 묻은 천 조각들을 각각 여러 종류의 비눗물 속에 넣었다.

22. 이 실험에서 같게 유지해야 하는 것은 무엇인가?·········(   )

    ① 물의 온도

    ② 빨래 비누의 종류

    ③ 빨래 후 옷감에 남은 얼룩의 양

    ④ 비누의 색깔

23. 이 실험에서 무엇을 보고 좋은 비누인지 알아낼 수 있는가?···(   )

    ① 물의 온도

    ② 빨래 비누의 종류

    ③ 빨래 후 옷감에 남은 얼룩의 양

    ④ 비누의 색깔

24. 이 실험에서는 무엇의 효과를 알아보고자 하는가?·········(   )

    ① 물의 온도

    ② 빨래 비누의 종류

    ③ 빨래 후 옷감에 남은 얼룩의 양

    ④ 비누의 색깔

25. 몇몇 학생들이 모여서 실험을 하려고 한다. 다음 중에서 실험을
    통하여 알아보기에 가장 적절한 것은?······························(   )
    ① 어떤 치약이 더 좋은가?
    ② 식물은 여름에 왜 잘 자랄까?
    ③ 머리가 좋은 사람은 공부를 잘하는가?
    ④ 온도의 변화는 바퀴벌레의 움직임에 영향을 줄까?

26. 다음은 어떤 기구에 올려놓는 추의 무게와 위치를 다르게 하였을
    때 나타나는 현상이다.

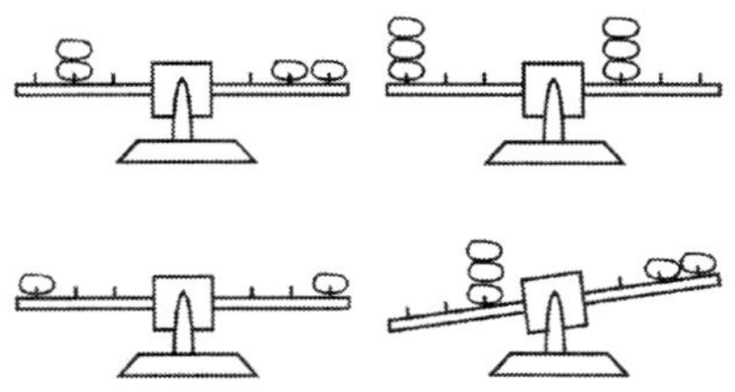

    다음 중 이 기구의 성질을 가장 잘 나타낸 것은?··············(   )
    ① 무거운 쪽의 추가 가벼운 쪽의 추보다 중심에 가까이 있어야만
      수평을 유지하는 성질이 있다.
    ② 무거운 쪽의 추가 가벼운 쪽의 추보다 중심에 멀리 있어야만
      수평을 유지하는 성질이 있다.
    ③ 양쪽 추가 놓인 거리가 같으면 추의 무게와는 상관없이 수평을
      유지하는 성질이 있다.
    ④ 양쪽의 추의 무게가 같으면 저울의 중심으로부터 거리와 상관
      없이 수평을 유지하는 성질이 있다.

27. 철수는 무게는 같고 부피가 다른 물체를 같은 높이에서 떨어뜨리는 실험을 하려고 한다. 이 실험에서 확인할 수 있는 것은?…( )

① 물체가 무거울수록 빨리 떨어질 것이다.

② 물체가 높은 곳에 위치할수록 빨리 떨어질 것이다.

③ 부피가 크면 빨리 떨어질 것이다.

④ 물체를 만든 재료에 따라 속력이 달라질 것이다.

28. 동물에 따라 맥박 수를 조사하여 다음과 같은 표를 만들었다. 이 표로부터 동물의 맥박 수는 주로 무엇에 관계된다고 볼 수 있을까?……………………………………………………………………( )

동 물	맥박 수
소	40~46
돼지	55~60
고양이	100~120
쥐	140~150

① 동물의 크기　　　　　② 동물의 빠르기

③ 동물의 먹이　　　　　④ 동물 꼬리의 길이

29. 철수는 공에 공기를 많이 넣으면 바닥에서 튀어 오르는 높이가 높아질 것으로 생각했다. 어떻게 하면 이 생각이 옳은지 알아볼 수 있는가?……………………………………………………………………( )

① 같은 높이에서 공의 온도를 다르게 하여 떨어뜨린다.

② 큰 공과 작은 공에 공기 양을 다르게 하여 떨어뜨린다.

③ 크기가 같은 공에 공기 양을 다르게 하여 떨어뜨린다.

④ 크기가 같은 공을 높이를 다르게 하여 떨어뜨린다.

30. 돼지에게 어떤 물질을 먹이에 섞어 먹였더니 체중이 증가하였다.
이 물질을 다른 동물의 먹이에 섞어 먹인 후 체중의 변화를 조사
하였더니 다음과 같았다. ⋯⋯⋯⋯⋯⋯⋯⋯⋯⋯⋯⋯⋯⋯⋯⋯(   )

동 물	체중(몸무게)
소	+ + + + +
닭	- - -
개	+ + +
비둘기	- -
고양이	+ + + +

**(+ 표시가 많을수록 체중이 많이 증가하고, -는 체중이 감소하는
것을 의미한다.)**

이 표로부터 이끌어 낼 수 있는 일반적 사실은? ⋯⋯⋯⋯⋯⋯⋯(   )

① 이 물질은 새의 체중을 증가시킨다.

② 이 물질은 풀을 먹는 동물의 체중을 증가시킨다.

③ 이 물질은 모든 동물의 체중을 증가시킨다.

④ 이 물질은 젖먹이 동물의 체중을 증가시킨다.

[부록 5] 학습내용의 구성표

기간	주제	학습목표	학습내용	탐구과정	학습활동
1주	지진 조사 및 분석	· 지진의 발생에 대해 다양한 방법으로 조사하기 · 지진의 피해를 줄일 수 있는 방법을 탐구하기	· 지진의 개념과 의미, 지진의 피해 실태 파악, 지진 발생 사례의 조사 · 지진의 피해를 줄이기 위한 다각적인 노력 탐구	관찰	지진의 장면을 이미지와 동영상으로 관찰
				분류	지진의 일시, 규모, 피해로 데이터 분류
				측정	지진 사진에서 2.5-9.0 진도의 어림 측정
				예상	특정 지역을 정해 지진 발생의 피해를 예상
				추리	지진 발생의 피해 줄이는 방법 논의
				문제 인식	1995년 고베 지진의 예를 통한 문제 인식
				가설 설정	교실에서 지진 발생 시 살 수 있는 방법은?
				변인 통제	교실에서의 지진 발생 상황을 구체적 명시
				자료 변환	논의된 대처법을 발표 자료로 가공
				자료 해석	논의된 대처법을 조별 토론 및 발표
				결론 도출	학교 상황에서의 대처법을 전체 토론
				일반화	10가지 대처요령을 추출하여 보고서로 작성

기간	주제	학습목표	학습내용	탐구과정	학습활동
2주	지진이 발생한 위치	· 최근 큰 지진이 발생한 곳을 지도에서 찾고 분석하기 · 우리나라가 지진 발생의 지역이라는 사실을 인식하기	· 세계 여러 곳의 지진 발생 사례 조사 및 분석하기 · 우리나라의 지진 발생 역사를 탐색하고 대비책을 분석하기	관찰	30년간 지진 빈발 지역 세계지도 관찰
				분류	큰 지진 발생을 시간과 장소에 따라 분류
				측정	빈도 그림을 보고 지역별 진도 평균을 산출
				예상	빈도 자료를 보고 지역별 발생 확률을 예상
				추리	왜 특정 지역에서 지진이 빈발하는지 추리
				문제 인식	학교 내 지진 대책반의 구성을 문제로 제시
				가설 설정	효과적인 지진 대책반의 활동은?
				변인 통제	조사활동, 계몽활동, 예방활동으로 제한
				자료 변환	지진 대책반의 활동 계획을 표로 작성
				자료 해석	지진 대책반의 활동 계획을 발표
				결론 도출	지진 대책반 활동의 효과성을 전체 토론
				일반화	지진 대책반의 활동 요강 10가지 작성

기간	주제	학습목표	학습내용	탐구과정	학습활동
3주	지층의 휘어짐과 어긋남	·지층이 어긋나고 휘어지는 원인을 탐구 ·모형 탐구를 통해 지진이 어떻게 일어나는지 탐색하기	·지층의 휘어짐과 모형을 실험하고 실제 휘어진 지층을 비교 ·지층의 어긋남 모형을 실험하고 실제의 지층과 비교하기	관찰	전라북도 전주의 습곡 단층 사진을 관찰
				분류	일반 단층과 지층의 휘어진 상태를 분류
				측정	지층의 휘어짐 정도에 따라 5단계로 수량화
				예상	지층이 휘어진 원인을 예상하고 토론함
				추리	지층의 끊어짐을 가능하게 하는 힘은?
				문제 인식	지진에 대한 저학년 동생들 교육을 문제화
				가설 설정	가장 효과적인 저학년 동생들 지진 교육은?
				변인 통제	특별활동, 교실 활동, 실습활동으로 제한
				자료 변환	저학년 지진 교육 계획을 도표로 작성
				자료 해석	저학년 지진 교육 계획을 발표
				결론 도출	저학년에 대한 효과적인 교육 방법을 토론
				일반화	저학년용 지진 교육 자료 작성

기간	주제	학습목표	학습내용	탐구과정	학습활동
4주	간이 지진계 만들기	·지진 발생 시의 떨림 현상을 이용한 간이 지진계의 원리 이해 ·학습자들의 탐구력을 활용하여 간이 지진계 만들기	·일반 지진계의 원리 ·간이 지진계의 고안 및 설계를 위한 탐구활동	관찰	전문가의 지진계 활용한 측정 모습 관찰
				분류	지진계 제작용 자료의 분류
				측정	책상의 진동을 종이 위 모래 변화로 수량화
				예상	간이 지진계 제작의 원리를 예상
				추리	간이 지진계의 설계도를 작성
				문제 인식	개인용 지진계 제작 의뢰 상황을 문제 제시
				가설 설정	효과적인 지진계 제작의 원리를 가정
				변인 통제	쉽게 구할 수 있는 제작 자료로 제한
				자료 변환	간이 지진계 설계도를 작성
				자료 해석	간이 지진계의 사용 방법 설명
				결론 도출	가장 쓸모 있는 간이 지진계를 토론 후 선정
				일반화	간이 지진계 카탈로그의 제작(상품화)

[부록 6] 학습 지도안

1주차 학습 지도안

위계	탐구과정 요소	학습활동
저차원	관찰	지진의 장면을 이미지나 동영상 자료를 통해 관찰 (일본 내 지진 관련 자료, 지진 박물관 관련 기사)
	분류	지진의 일시, 규모, 피해로 주어진 데이터를 분류
	측정	지진의 사진 예를 보고 2.5 미만에서 9.0 이상까지의 정도로 구분(제시된 준거를 보고 시각적인 측정)
	예상	학구 내 특정 지역을 지목하여 지진의 발생 시 생길 일들을 예상(예: 건물 내, 도로, 지하철, 엘리베이터 안)
	추리	어떻게 대처해야 지진의 피해를 덜 입을 수 있을까를 토의
고차원	문제 인식	1995년 1월 17일 새벽 5시 46분에 고베시 남서쪽에 위치한 아와지 부근에서 발생한 지진 자료를 제시하고 초등학교에서의 상황별, 장소별, 시간별 피해 상황을 제시함
	가설 설정	지진 발생 상황에서 우리 반이 모두 살 수 있는 방법을 가설로 설정(피해를 최소화할 수 있는 방법)
	변인 통제	지진의 상황을 구체적으로 명시, 건물의 피해 정도, 땅의 흔들림 정도, 발생 시간 등을 자세히 명시하여 규정함
	자료 변환	지진의 실제와 피해 등에 관련된 자료를 파워 포인트나 한글 자료로 작성(주로 표와 그래프를 활용)
	자료 해석	지진으로 가장 피해를 입는 경우와 원인을 찾고 학교에서 피해를 입는 장면을 가정하여 최악의 경우를 설명
	결론 도출	지진의 피해를 최소화할 수 있는 방법을 학교의 상황을 예로 들어 그 대비책과 대처 요령을 추출
	일반화	지진의 발생과 인간의 대응 방법의 예를 설명하고, 자연재해에 대한 올바른 인식을 갖고 학교 상황에서 가장 필요한 대처 요령을 제시

2주차 학습 지도안

위계	탐구과정 요소	학습활동
저 차 원	관찰	지난 30년간 지진 빈발 지역의 세계지도를 관찰하기
	분류	최근 들어 큰 지진이 발생한 지역을 시간, 장소에 따라 분류
	측정	지도상에 나타난 지진 빈도 Plot 도표를 보고 그 회수를 정리
	예상	지진이 발생하는 곳을 선으로 연결하게 하고 왜 그 지역에 지진이 빈발하는지를 예상하여 정리
	추리	지진의 원인이 무엇인지 생각해보고 과학적으로 설명하기
고 차 원	문제 인식	1936년부터 속리산, 포항, 울산, 양양, 영월 등에서 발생한 국내 지진의 사례(시간, 빈도, 피해 정도)를 조사
	가설 설정	우리나라의 지진 발생 확률이 어느 정도 되는지를 가설로 설정(8개 도를 중심으로 확률로 표시)하고 발생 시의 피해 정도를 지역별로 가정하여 기술한다.(지방과 수도권은 환경이 다르므로 예상 피해 정도의 기술이 달라야 한다.)
	변인 통제	지진의 규모를 국내에서 이미 발생한 지진의 강도(약 4에서 5.5)로 한정하고 그 영역을 8개 도로 구분, 발생 시간은 주로 낮 시간으로 규정
	자료 변환	지진 예상 지역과 그 이유, 예상 강도, 예상 가능한 피해 상황 등을 표나 그래프로 제시(파워 포인트나 한글 문서로 작성)
	자료 해석	학습자들이 작성한 자료를 중심으로 조별 발표 토의(피해 사례 등을 구체적 예로 제시할 수 있음)
	결론 도출	지진의 빈발 지역이 주로 충청, 강원권에 집중되어 있으나 수도권도 그 예외가 될 수 없음을 토론을 통해 도출
	일반화	우리나라도 지진이 발생하는 지역이라는 것을 인식하고 사례를 들어 그 심각성을 설명할 수 있다.(7차 교육 과정이 정한 목표)

3주차 학습 지도안

위계	탐구과정 요소	학습활동
저차원	관찰	전라북도 전주의 습곡 및 단층 사진 등을 관찰
	분류	일반 단층과 지층의 휘어진 상태를 분류
	측정	지층의 휘어진 정도를 세 가지 수준으로 구분
	예상	지층이 휘어진 원인을 예상하고 토론함
	추리	예상한 습곡과 단층의 원인에 따라 시간과 규모의 관계를 정량적으로 추리
고차원	문제 인식	두꺼운 종이와 스티로폼을 주고 관찰한 습곡과 단층의 모양을 표현할 수 있도록 조작하게 한다.
	가설 설정	두꺼운 종이와 스티로폼의 실습을 통해 습곡과 단층의 원인을 가정하고 힘이라는 원인을 핵심요인으로 도출하도록 안내한다.
	변인 통제	힘의 방향을 네 가지 경우(상하, 좌우, 대각선)로 한정한다.
	자료 변환	힘의 방향에 따른 결과를 도식으로 표현하고 프레젠테이션 자료로 정리한다.
	자료 해석	학습자들이 각자 도출한 자료를 토의하고 공통된 원인과 결과를 찾아낸다.
	결론 도출	두꺼운 종이와 스티로폼의 경우를 예로 들어 습곡과 단층의 원인을 설명한다. 끊어지는 경우와 휘어지는 경우로 구분하여 설명해야 한다.
	일반화	습곡과 단층의 원인을 과학적인 용어를 찾아 연결하고 끊어질 경우에 느낀 힘을 지진의 원인으로 도출한다.

4주차 학습 지도안

위계	탐구과정 요소	학습활동
저차원	관찰	지진이 발생했을 때 지진계가 기록하는 지진파의 모습이 나타나는 사진과 동영상 자료를 보기.
	분류	진동하는 물체와 진동하지 않는 물체를 구분하여 지진계의 구성을 두 가지로 분류.
	측정	책상의 흔들림을 기록하는 실습을 실시한다.(학습자들이 고안한 방법으로 실시해야 한다)
	예상	앞의 실습을 통해 간이 지진계를 만드는 원리를 예상한다.
	추리	간이 지진계의 원리를 파악하여 설계도를 작성해 본다.
고차원	문제 인식	http://www.science.or.kr/lee/earth/seismometer/seismome-ter.html에 연결하여 수직 지진계의 가상 실험을 실시한다.
	가설 설정	지진의 세기에 따른 지진파의 변화를 가정하여 그려본다.
	변인 통제	지진계를 만들 수 있는 자료를 제공하며 이외의 자료는 사용하지 않기로 한다.(웹에서는 시뮬레이션 모듈의 제공) 또한 수직 진동과 수평 진동만으로 상황을 제한한다.
	자료 변환	간이 지진계를 이용하여 책상의 진동을 측정한 결과를 표와 그래프로 정리한다.
	자료 해석	책상을 흔든 정도와 지진계의 측정 결과를 비교하여 힘과 지진파의 관계를 설명한다.
	결론 도출	올바른 지진계의 모습과 설계 방식을 제시하고 측정 방법 및 결과를 보고서로 작성한다.
	일반화	실제 지진계의 모습과 간이 지진계의 모습을 비교하여 그 원리의 동일함을 인지하고 제시된 자료 이외의 자료들로 간이 지진계를 만들 수 있는 방법을 토론한다.

[부록 7] CSBIP(기초)의 추리과제

추리 과제

1800년대에 알프레드 베게너라는 지질학자가 있었답니다. 베게너는 세계의 여러 나라를 돌아다니며 화석을 연구하고 있었지요. 그런데 어느 날 아프리카에서나 발견할 수 있는 여우의 화석이 남아메리카 대륙에 나타난 것을 발견했답니다. 그래서 그는 궁금했어요. 수억 년 전 금빛 여우가 어떻게 대서양을 헤엄쳐 다른 대륙으로 이동할 수 있었는지 연구하기 시작했어요. 그래서 그는 한 가지 가설을 만들어 냈답니다. 옛날에 지구는 하나의 대륙이었으나 이 대륙들이 서로 어떤 힘에 의해서 분리되었다고 가정했답니다. 그의 이 가설을 팡게아 이론이라고 해요. 그러나 그 당시에 과학자들은 베게너의 이론을 터무니없는 이론으로 무시했답니다. 이유는 과연 지층이 움직였다면 그 힘은 어디서 나오는 것인지 증명해 보라고 했기 때문이죠. 그러나 그 당시의 기술로는 지구 내부의 상황을 짐작할 수 없었답니다. 현재는 기술이 발전하여 베게너의 이론이 맞는다는 결론을 얻을 수 있습니다. 과연 어떤 힘이 지층을 떠다니게 해서 대륙의 이동을 가능하게 했을까요? 여러분이 베게너가 되어 지구 내부의 상황을 추리하고 지층이 떠다니게 된 힘이 무엇일지 추리해보기로 합시다. 여러분의 글로 설명하고 그림으로 나타내보세요. 그 결과는 명탐정 추리방에 올리세요……

[부록 8] CSIIP(통합)의 문제와 탐구과정
안내 자료

[문제 상황]

1995년 1월 17일 새벽 5시 46분에 일본 고베시 남서쪽에 위치한 아와지 부근에서 지진이 발생하였다. 고베시는 일본의 조선과 철강 산업의 중심지이다. 이 지진은 일본 남부의 관서지방 효고현 남부일대에 막대한 피해를 입혔다.

약 6천 3백 명이 사망하였으며, 약 4만 명이 부상을 입었다. 40여 만 동의 주택과 3600여 개의 건물이 파손되었으며, 장기간 약 100만 세대의 전기가 끊기고 120여 만 세대에 수도 공급이 중단되었다. 이 지진은 강도가 리히터 규모로 약 7.2인 것으로 조사되었다. 일본은 이 지진을 계기로 고성능의 지진 예측 기계를 개발하였다.

〈문제 1〉

2004년 3월, 우리나라는 이와 같은 지진이 발생하는 것을 사전에 예방하도록 일본과 같은 고성능의 지진 예측 기계를 개발하고자 한다. 여러분이 이 지진 예측 기계의 개발자로 참여하게 되었다. 여러분의 첫 과제는 지진의 규모를 측정할 수 있는 가정용 지진 측정기를 개발하는 것이다. 왜냐하면 항상 지진이 일어나기 전에는 약한 지진이 사전에 조금씩 일어난다. 만약 각 가정에서 여러분이 만든 기계로 이러한 약한 지진들을 사전에 측정할 수 있다면 앞으로 일어날 큰 지진의 규모를 짐작할 수 있기 때문이다. 가장 효과적인 지진 측정기를 개발해라. 여러분의 역할은 가장 효과적인 가정용 지진 측정기의 설계도를 만드는 것이다. 설계도의 작성 방법은 여러분이 조사하기로 한다. 이를 위해 다음과 같은 활동을 포럼의 정해진 영역에서 실시하자.

첫째, 효과적인 가정용 지진 측정기란 무엇인지 가설을 설정하라.(가설 설정)
둘째, 지진 측정기의 재료가 무엇일지 정하여라.(변인 통제)
셋째, 기존의 지진 측정기의 원리를 조사하고 그 원리를 그림으로 나타내어라.(자료 변환)
넷째, 과학자들이 만든 다른 지진 측정기를 보고 그 원리를 설명하는 글을 작성하라.(자료 해석)
다섯째, 여러분이 고안한 지진 측정기의 설계도를 그려라.(결론 도출)
여섯째, 여러분이 고안한 지진 측정기의 사용 방법을 글로 작성하고, 그 장점을 설명하여라.(일반화)

<문제 2>

여러분은 각 학교에서 민방위 훈련을 해보았을 것이다. 이는 전쟁이 일어났을 경우를 대비하여 피해를 줄이기 위해 가상적으로 실시하는 훈련이다.
이제 여러분은 각 학교에서 지진의 피해를 줄이기 위한 지진 예비대를 운영해야 한다. 지진 예비대는 초등학교 학생들을 중심으로 구성되며 여러분이 그들의 활동을 책임지는 운영자가 되어야 한다. 여러분들은 다음과 같은 활동을 해야 한다.

첫째, 초등학교에서 수업 중 지진이 일어날 경우를 대비하여 어떤 대비책을 세워야 피해가 줄어들지를 계획한다. 어떤 훈련을 하고 어떻게 준비해야 피해를 입지 않을지 계획을 세우는 것이다. 어떻게 준비하면 피해가 줄어들 것일지 여러분들의 생각을 글로 작성하면 된다.(가설 설정)

둘째, 초등학교 저학년(1, 2, 3학년)과 고학년(4, 5, 6)이 해야 할 일이 다르고, 선생님들이 할 일과 부모님, 그리고 교육청이 도와줄 일이 다르다. 각각의 역할별로 해야 할 일을 정리한다.(변인 통제)

셋째, 여러분이 세운 계획을 발표 자료로 만든다. 가능하면 표나 그림으로 쉽게 정리한다. 발표 자료는 교장 선생님과 선생님 및 학생들에게 나누어 줄 것이다. 여러분의 계획에는 지진의 피해를 줄이는 방법 및 준비해야 할 것들 그리고 학교에서 지진이 발생하는 경우 어떻게 대처해야 하는지에 대한 내용이 포함되어야 한다.(자료 변환)

넷째, 여러분이 만든 발표 자료를 포럼에서 글로 설명해 본다.(자료 해석)

다섯째, 여러분의 발표 자료를 이제 하나의 보고서로 만들자. 이 보고서는 교육청에 제출할 것이며 여러분이 책임진 지진 예비대의 활동 보고서가 될 것이다.(결론 도출)

여섯째, 여러분 보고서의 내용을 요약하여 '학교에서 지진이 발생할 경우 대처할 10가지 요령'이라는 제목의 포스터를 제작하기로 하자. 지진이 발생했을 때 어떻게 대처해야 하는지를 10가지 정도의 대처 요령으로 간단히 정리한다. 예를 들어 '요령 1: 책상 밑으로 숨는다.'와 같이 정리하면 된다. 이 자료는 전국의 초등학교에 배포할 것이다.(일반화)

〈문제 3〉

여러분들은 학교에서 지진 예비대의 대원이며 책임자이다. 그런데 문제는 1, 2, 3학년 동생들이 지진에 대해 정확히 모른다는 것이다. 저학년 동생들은 지진이 왜 일어나는지, 지층이 무엇인지, 우리나라나 세계에서 어떤 지진이 일어났는지, 어떤 피해를 입는지를 전혀 모른다. 여러분들은 이 동생들을 가르쳐야 한다. 다음과 같은 활동을 해야 한다.

첫째, 어떻게 동생들을 가르쳐야 지진에 대해 알게 할 수 있을지, 어떤 내용을 가르쳐야 할지를 계획을 세운다.(가설 설정)

둘째, 어떤 장소에서 언제, 무엇을, 어떻게 가르칠 것인지를 명확히 계획을 세우자.(변인 통제)

셋째, 동생들에게 보여줄 자료를 만들자. 어린 동생들이니 가능하면 그림을 사용하여 설명할 자료를 만들자.(자료 변환)

넷째, 여러분이 만든 자료를 설명하는 글을 작성하자. 자료 한 장 한 장 무엇을 설명할 건지 자세히 적도록 하자.(자료 해석)

다섯째, 동생들을 가르치기 위한 내용, 방법을 하나의 보고서로 작성하자. 이 보고서는 교육청에 제출할 것이다. 교육청은 국가 재해대책본부에 여러분의 보고서를 제출할 것이다.(결론 도출)

여섯째, 인근 학교에 여러분이 작성한 보고서를 요약하여 배포한다. 이 자료는 어떻게 하면 동생들에게 지진을 알 수 있게 할 것인지 효과적인 방법은 무엇이며 주로 어떤 내용을 가르쳐야 하는지를 정리한 한 장의 뉴스레터이다. 예를 들어 제목을 '동생들을 위한 지진 교실'로 정하고 '요령 1: 지층의 휘어짐과 끊어짐을 실습시킨다. 재료는 스티로폼과 골판지이다.'와 같이 간단하게 작성한다.(일반화)

[부록 9] 탐구상황에서의 상호 작용 메시지(예시)

탐구상황	상호 작용 메시지 예시
학술지향적 (studies oriented: SO)	"지층의 휘어짐은 지구 내부의 힘에 의한 것이라고 생각해. 막연한 추측보다는 유명한 학자가 발견한 이론을 먼저 찾는 게 급하지 않을까?" "지진계를 설명하면서 가격 이야기가 왜 나오냐? 지금 우리는 가격보다는 지진계의 설계도를 그리는 게 중요해. 가격 대신 길이가 얼마나 되는지 무게가 얼마나 되는지를 의논하는 게 좋겠다."
문제지향적 (problem oriented: PO)	"지진이 발생하면 누가 피해를 입냐? 바로 우리지. 니네들이 말하는 대로 사람들이 깔려 죽을 때 우산 펴면 살아남을 수 있냐? 어떻게 살 수 있을지 방법을 찾자. 엉터리 말고……" "넌 정확히 문제가 뭔지 잘 모르는 것 같다. 맨틀이란 뭔지부터 조사하고 그 밑을 알아보자. 맨틀이 뭔지 알아야 답을 쓰지."
과제지향적 (task oriented: TO)	"지금 보고서 올리는 시간을 넘겼다. 다들 뭐하고 있냐? 각자 맡은 부분을 빨리 올려주어야 종합을 하지" "선생님이 말씀하신 대로 보고서를 쓰자. 우리 조가 1등을 할 수 있도록 다들 파이팅!"
이해지향적 (learning oriented: LO)	"일본에서 지진이 자주 일어나는 것은 아마 섬이라서 그런 거 같다. 우리는 섬이 아니라서 지진이 적은 건가? 도대체 차이가 뭐지? 선생님 말씀은 그 이유를 찾아보라고 하셨는데 섬과 육지로 나누어 이유를 찾아보는 건 어떨까? 왜 가까운 나라인데 지진에 차이가 있는지 궁금하다."
협력지향적 (collaboration oriented: CO)	"병희가 조사한 자료는 쓸모가 있다. 다들 한번씩 읽어보고 자기 생각을 말하자. 쉽게 설명하라고 하셨지만 자세히 좀 써." "우람이는 사진 자료를 많이 올리고 있다. 난 그걸 자세히 설명할게. 니들은 거기다 답글을 달아주면 돼."
논쟁지향적 (argument oriented: AO)	"난 이해가 안 간다. 평소에 쥐들이 뛰어다니면 지진 일어나는 거냐? 그럼 쥐들을 훈련시켜야겠네? 그런데 쥐들이 그걸 알아듣냐? 말이 안 되는 소리다."
실용지향적 (Utilization oriented: UO)	"동생들이 쉽게 이해하려면 그림으로 그리는 게 좋겠다. 나도 복잡한데 동생들은 오죽 헷갈리겠냐?" "이 설계도는 전혀 알쏭달쏭이다. 길이를 적어야 크기가 얼마나 되는지 알 수 있잖아……제발 정확히 좀 그리자. 그리고 튜터가 말한 대로 교실에서 함 직접 만들어보자."

· 저자 ·

김지일
(金址一)

· 약 력 ·

서울교육대학교 교육학 전공 (학사)
한양대학교 교육공학 전공 (석사, 박사)

현재 한림대학교 기초교육대학 교직과 교수
교육인적자원부 평생학습 정책 자문 위원
한국교육개발원 평생학습도시 컨설팅 위원
WE START 운동 강원지역 교육 자문위원
여성인적자원개발기관 컨설팅 위원
삼성 고른기회장학재단 평가위원

· 주요논저 ·

『디렉터를 활용한 멀티미디어 개발』,(공저)
『인지과학적 구성주의 기반의 4C/ID 모형』,(편역)
「웹 학습 사이트에서 링크 제시 기법의 효과」,(공저)
「네트웍 기반의 학습에서 협력적 성찰 지원 도구 설계 전략 탐색」,(공저)
「웹에서의 지식구축을 위한 공동저술 활동에 관한 연구」,(공저)
「CSILE 기반의 탐구학습에서 지식의 이해, 과학적 소양, 학습 의도 및 탐구
 력의 관련성 규명」
「초등학교 미디어센터를 활용한 자원기반학습 모형 개발 연구」,(공저)
「철원지역 저소득층 초등학생을 위한 역동적인 협력학습 설계 전략 탐색」
「컴퓨터 지원 의도적 학습 환경에서 탐구과정 지원방식에 따른 집단의 탐구
 과정 분석」
「웹 기반 협력학습에서 GLAS 유형이 학습결과에 미치는 효과」,(공저)
「웹 기반 상황학습 환경에서 과제유형과 협력방식이 학습자의 과제수행력과
 집단효능감에 미치는 영향」,(공저)
「WE START 교육을 위한 다중지능 이론 기반의 협력학습 모형 개발 연구」
외 다수

CSILE에서 탐구과정 지원방식의 효과

• 초판 인쇄	2008년 4월 21일
• 초판 발행	2008년 4월 21일
• 지 은 이	김지일
• 펴 낸 이	채종준
• 펴 낸 곳	한국학술정보㈜
	경기도 파주시 교하읍 문발리 513-5
	파주출판문화정보산업단지
	전화 031) 908-3181(대표) · 팩스 031) 908-3189
	홈페이지 http://www.kstudy.com
	e-mail(출판사업부) publish@kstudy.com
• 등 록	제일산-115호(2000. 6. 19)
• 가 격	17,000원

ISBN 978-89-534-8594-5 93530 (Paper Book)
   978-89-534-8595-2 98530 (e-Book)